U0034893

創業名人堂

Entrepreneurship Hall of Fame

一本屬於台灣創業家的紀錄專書
精選百工職人們的創業故事

灣闊文化出版社
WAN-KUO CULTURE PUBLISHING

灣闊文化的 LOGO，是由許多小點組成的台灣，每一點都代表著創業家心中被點亮的創意。LOGO 上的紅色三角，則代表著創意不斷向外擴展，讓台灣得以走向世界。

我們深信，所有台灣在地的品牌故事都值得被紀錄，並被永久保存於國家圖書館，讓我們的下一代也能認識，這專屬於台灣的創業名人堂。

推薦序

你呼吸得到空氣嗎？

小鳴創業失敗好幾次，聽說有位得道高僧，專門傳授創業心法，跟他學習過的人，個個飛黃騰達。小鳴找了好久終於找到高僧，高僧約他在海邊見面。

高僧：「你想知道創業的必勝心法嗎？」

小鳴：「是的，請您教我。」

高僧：「施主，請跟我走。」

兩人開始往海裡走，直到海水幾乎淹到他們的下巴。突然，高僧抓住小鳴的頭，把小鳴壓進水裡，小鳴喝了好大一口水，剛喘回一口氣，又再一次被壓進水裡，高僧不斷地把小鳴壓進水裡十幾二十次後才停下來。

高僧：「你現在有什麼感覺？」

小鳴：「我不能呼吸，我想要呼吸。」

高僧：「有這感覺就對了。」

的確，從高鳴數學草創到現在近三十年來，我不只一次為了解決眼前的問題，絞盡腦汁亦或頭痛欲裂、崩潰嘶吼、瀕臨破產，就是這每一次幾乎不能呼吸的體驗中，我每呼吸到一口氣，即多練就出一樣新的能力，也多虧自己每一次都撐得過去，才有了現在的高鳴數學能開花遍地。

真的，創業過程中，無論是成功還是失敗，接踵而來的各種人物、事務、財務、雜務問題，每一樣都足以讓人喘不過氣。而挺過了一次又一次浪襲的我們，又何嘗不是一次又一次的超越自己。這就是我喜歡創業的原因呀。

創業前思考的公司定位、生存利基、產品設計、資金來源；創業中有關員工的選人、用人、帶人、留人；還有如何讓夥伴們感受到工作能勝任、老闆有賞識、環境有愉快、收入有未來；如何讓原來的產品不斷地優化、新創的產品不斷地研發；甚至是如何再擴張、如何轉投資、如何為社會盡一份心力……經營一項事業，要負擔的壓力，跟得到的榮耀，真的是令人頭痛但也令人嚮往的呀。

《創業名人堂第七集》收集了來自全台灣各個行業，成功創業者的心路歷程與獨到見解。讓還沒創業的人，因為這本書，了解各行各業的酸甜苦辣；讓正在創業的人，因為這本書，找到摸索前進的方向。這本書就像是台灣中小企業的創業史，讓每一位選擇做自己的創業主，為他們的行業、他們的努力、他們的心血，發出一點點的光芒。為社會、為台灣、為世界，留下一些些值得借鏡的力量。讓我們跟這本書收錄的成功者學習，讓我們跟這本書的作者群致敬。

——高鳴數學創辦人 高鳴

目錄

圖：神助物流設備創辦人陳品樺以經驗領航、創新奮鬥，引領倉儲管理新科技，幫助客戶成就卓越的產業效能

引領台灣倉儲領域之未來技術革新者

在當今快速演變的全球經濟中，產業競爭日益加劇，使得倉儲管理和物流設備的角色顯得更為關鍵。面對這一挑戰，企業必須靈活調整其倉儲戰略，並透過技術創新與設備更新來增強運營效率和市場響應能力。台灣倉儲業界正積極轉型，追求專業化與智能化，以提供精確有效的倉儲解決方案，助力企業應對充滿變數的市場環境並把握發展機會。

神助物流設備股份有限公司位於這一變革的前沿，專注於開發創新的倉儲技術，推動倉儲領域的技術革新。我們的核心產品——無軌移動櫃系統，標誌著從傳統倉儲方法到靈活、安全儲存解決方案的重大轉變。此外，我們的產品線還包括無軌重型移動系統、水平模組化貨架和大跨距積層系統等，旨在最大化空間利用效率和實現自動化管理。每一項創新都體現了神助對技術進步及客戶需求深刻洞察的承諾。

神助的無軌移動櫃系統不僅解決了傳統軌道式移動櫃易發生的作業危害和脫軌故障問題，還克服了清潔維護困難的挑戰，進一步證明了我們對於提供安全、高效和衛生倉儲環境的承諾。此外，我們的產品設計考慮到搬遷的便利性和未來升級的可能性，包括電動化升級與自動導引車（AGV）系統的整合，為客戶提供了一個能夠隨時適應未來變化的靈活解決方案。

神助致力於成為引領台灣倉儲技術革新的先驅，通過不斷的創新和技術升級，我們希望為客戶創造更多價值，並為倉儲管理領域帶來新的發展方向。

勇闖商海：一位挑戰者的勵志故事與創業奇蹟

創業初期，神助憑藉著對市場需求的敏銳洞察，迅速在外商公司中建立了口碑，從安裝轉向銷售，並在面對技術和價格競爭的壓力下，不斷追求創新和改進。陳品樺認識到，僅靠價格競爭

圖：簡約現代的辦公區，展現濃厚的團隊合作氛圍，一起精密計畫，打造未來

是不夠的，於是從 2017 年開始，他帶領團隊不斷嘗試開發新產品，尋找市場的新藍海。這一系列的努力在 2020 年開始顯現成果，至今，神助已獲得十項專利，並在產品質量和市場反饋上都取得了顯著的成就。

陳品樺謙虛地將成功歸因於團隊的合作和一點點的運氣。但實際上，神助物流設備的成功，根植於陳品樺深厚的產品知識、對客戶需求的深刻理解，以及不斷創新和改善的商業遠見。這些要素共同塑造了神助物流設備的核心競爭力，使其在倉儲技術領域持續領先。

通過陳品樺的領導和團隊的努力，神助物流設備正在為整個產業設立新的標準，展現出台灣在全球倉儲技術領域的領導地位。

圖：神助生產環境一覽

問題即需求，務實即解方——關於微自動化

在當今台灣倉儲業的發展背景下，科技的飛速進步，特別是物聯網、人工智慧與自動化技術的廣泛應用，業界普遍追求全面自動化設備系統的目標，期望通過這種轉型來提高操作效率並大幅減少對人力的依賴，從而降低人力成本。然而，在這股全自動化的趨勢中，神助物流設備的創辦人陳品樺提出了不同的視角。他認為，當前市場對全自動化的追求可能未必適合所有企業，且可能忽略了企業面臨的真正挑戰。

陳品樺指出，多數企業實際上需要解決的是如何提升倉庫的空間使用效率（坪效）和員工工作效率（人效），而不僅僅是減少對人工的依賴。在這種情況下，神助物流設備致力於開發能夠實際提高客戶坪效、人效和能源效率的解決方案，並在保持預算可行性的前提下，務實地解決客戶當前的需求。這種逐步進行的策略被稱為「微自動化」，意在通過每日 1% 的持續進步，逐步引導企業邁向全自動化的未來。

通過這種策略，神助物流設備不僅展現了其對市場需求的敏銳洞察力，也體現了公司對客戶需求的深刻理解和對問題的務實解決方法。透過細膩的市場分析和周密的規劃，神助物流設備為客戶提供了具體、可行的解決方案，幫助他們逐步升級倉儲管理系統，共同邁向卓越和成功，為整個產業創造出更高的價值。這種以問題為導向、以務實為解方的方法，不僅為神助物流設備贏得了客戶的信賴，也為倉儲業的發展提供了新的方向和動力。

綠色倉儲革新時代，全方位解決方案之嶄新境界

　　21世紀，全世界正式進入網際網路時代，網路的快速便捷也為社會上的各大產業帶來巨大轉變，精準、高效和創新是現代產業所聚焦的重心，只為能夠在競爭激烈的環境中脫穎而出，並永續經營拒絕成為「時代的眼淚」；其中，倉儲管理和物流設備是近年來備受矚目的焦點之一，由於科技的迅速發展，倉儲領域正迎來前所未有的變革，除了幫助企業降低運作成本，更確保貨物在供應鏈中可快速流通。

　　作為引領全台倉儲領域的未來技術革新專家，神助物流設備以其創新能力和對客戶需求的深入理解，為眾多知名外商公司、電子產業、醫藥產業提供客製化倉儲解決方案，建立起安全、高效且環保的倉儲管理系統。綠色倉儲的革新時代，已悄然來臨！談起神助物流設備的產品和服務，陳品樺表示：「客戶的需求早已出現在市場上，我們透過思考客戶的需求，提出創新的解決方案，並且申請到多項專利。目前我們有五大主力項目，分別為：無軌移動櫃、無軌重型移動、積層架、水平模組和移動城市。」

　　一、無軌移動櫃——作為領先業界的無軌移動櫃設計，神助物流設備的無軌移動櫃擁有雙專利技術，在倉儲管理領域中帶來了創新性的改進，不僅解決傳統軌道型移動櫃的脫軌和清潔問題，亦提供更高水準的安全性及效率。客戶能夠與高空揀料車配合使用，實現儲存空間效率的最大化，打造出一個安全、高坪效且乾淨的倉儲物料架儲存空間。無軌移動櫃設計適合多種行業使用，包括：電子業、醫藥生技業、圖書館、銀行、醫院和保險公司等。

　　二、無軌重型移動——考量客戶的倉儲需求及成本問題，神助物流設備提供了將現有重型貨架加裝獨家專利的移動底座模組之解決方案，運用簡便且堅固的結構，有效提升空間利用率，為最高效的立體倉庫系統，其儲存量超越傳統自動化倉儲系統；相比其他儲存系統，其建置成本較低，為一經濟高效的儲存解決方案。根據客戶的需求，此系統可從手動式升級為電動移動，進一步提高操作便利性和自動化水平，其使用方式與一般的棧板式貨架相同。無軌重型移動適用於多

圖：無軌移動櫃

種環境，包括：冷庫、防爆倉、分離式設計和無軌移動等，亦適合多種商業和工業需求，常見於電子業、醫療生技業、低溫物流業等行業。

三、大跨距積層架——積層架設計充分利用垂直空間，提高存儲效率，特別適合空間受限的環境；此外，樓板設計具有低噪音、減震、隔溫、耐燃等特點，增強了安全性和使用舒適性，提供大跨距設計，減少支柱數量，從而更有效地利用空間。採用環保材質製造，符合可持續發展的要求，並提供租賃服務，以靈活的租賃選項來增加不同需求的適應性。

四、水平模組——水平模組設計衍生自重型架，具有高度靈活性，可根據儲存需求和空間配置進行調整，有效滿足各種儲存需求，為倉儲空間提供了前所未有的彈性使用方式，大幅提升空間利用率，土地面積使用率可由重型架的 38% 提升至 62%，儲存量提升一倍，大幅增強存儲能力。另外，在立體倉庫系統中，水平模組屬於成本較低的貨架系統，可重複使用原物流倉庫的重型架，進一步降低成本；台車模軌採用專利包覆式結構，操作上更加安全和穩定。水平模組設計的應用範圍相當廣泛，常見於第三方物流業、製造業等領域。

五、移動城市——作為神助物流設備的革命性產品，移動城市引入新的思維和技術，為傳統空間管理帶來新的解決方案。移動城市系統依據不同場域和需求，提供客製化的自由變換解決方案，展現出極高的適應性和靈活性。適用於都市環境和私人住宅等多種空間，特別是需要快速調整和優化空間使用的環境，能夠滿足城市生活和居住的多樣化需求，為靈活和高效的空間利用提供了最理想的選擇。

圖：無軌重型移動

圖：重型架

圖：積層架

二十載風雲路：創業與經營的深刻領悟

　　經過二十年的風雨與歷練，神助物流設備股份有限公司創辦人陳品樺將其創業之旅描述為一段充滿挑戰與成長的旅程。從技術創新到深化客戶關係，每一步都見證了他的堅韌與成熟，這一切不僅塑造了陳品樺作為企業家的個人魅力，也讓神助物流設備成為業界的佼佼者。

　　陳品樺對於創業和經營的深刻領悟，凝聚於三個核心價值：誠懇、誠信、誠實。他強調，面對客戶時，始終保持誠懇的態度，以客戶的利益為優先考量，即使這意味著引導他們尋找其他供應商。陳品樺認為，這種專業與客戶之間的誠懇交流，是建立長期信任關係的基石。

上排圖：水平模組，中排圖及下排圖：專案實際案例

誠信方面，陳品樺將其視為神助物流設備的經營原則。承諾五年保固並堅守道德銷售準則，反映了公司對品質與承諾的重視，這不僅是對產品的信心表現，也是對客戶責任的體現。

在談到誠實時，陳品樺分享了自己的謙遜與實務處事原則。面對困難，他選擇坦誠並尋求客戶的理解與支持，共同解決問題。這種勇於面對挑戰、不逃避不隱瞞的態度，是神助物流設備能夠持續成長與突破的關鍵。

展望未來，陳品樺帶著讓神助物流設備國際化的雄心壯志，期待將公司的創新倉儲解決方案推廣至全球市場。他的願景不僅是擴大業務範圍，更希望能夠讓世界各地的企業受益於神助物流設備的先進技術，共同迎接事業的新高峰。

通過陳品樺的故事，我們看到了一位企業家如何以誠懇、誠信、誠實為核心價值，引領企業穿越挑戰，不斷進步與創新，並以此影響和提升整個行業的標準。神助物流設備的故事，是對所有創業者和經營者的啟示和鼓勵，展示了以正直和堅持為經營之道，定能達成遠大的事業願景。

給讀者的話

對於廣大的讀者和未來的合作夥伴，我們想說的是：在神助物流設備，我們的產品製造並非以降低成本為首要考量。我們致力於為客戶創造真正的價值，每一項創新的背後，都是對客戶需求的細膩洞察和深刻理解。我們的每一步進展，都旨在使客戶的業務流程更加流暢和高效。這不僅是我們的使命，也是我們對品質和服務承諾的體現。

在未來的道路上，神助物流設備將持續堅持這些核心價值，不斷創新，為客戶提供超越期望的服務和解決方案。通過這種方式，我們期待與全球的企業共同成長，共創物流儲存行業的新未來。

品牌核心價值

神助物流設備公司自成立以來，始終堅守著創新、安全、效率與可持續性這四大核心價值，全力以赴提供高品質、具有彈性且環境友好的物流存儲解決方案。我們的宗旨不僅是追求技術上的突破和卓越，更是透過不斷的創新和卓越的客戶服務，立志成為物流儲存領域的標竿企業。

經營者語錄

神助物流設備的經營哲學可概括為：「誠懇是我們的態度，誠信是我們的運營原則，誠實則是我們的人格準則。」這三大經營理念不僅指導著我們與客戶、合作夥伴及員工的互動方式，也是我們企業文化的核心。

神助物流設備

公司地址：桃園市楊梅區高榮路 339 號　　官方網站：https://rack104.com.tw

Facebook：神助物流設備（GODSPEED）　　聯絡電話：0800-070-333

樂樂君
開心餅乾
RaRaKun.Art

圖：糖霜不只是甜點的裝飾，更像是畫家的調色盤

自宅創業：兼顧工作與育兒的完美生活提案

結婚對許多女性來說，不僅是人生旅途的里程碑，更開啟了全新生活的篇章。有人放棄長期耕耘的工作、有人遠嫁他鄉，而來自台中清水的 Sunny Wang（王敏華）也不例外，辭去得心應手的行銷企劃主管一職，遠嫁台北，她迎來第一個寶寶「樂樂」，人生軌跡也就此改變。2017 年樂樂剛滿四個月之際，Sunny 上網購買糖霜餅乾為兒子慶祝收涎，看著繽紛童趣的餅乾，意外觸動她熱愛繪畫的想望。她想：「或許我也能試看看，以糖霜餅乾在自宅創業，這樣就能工作兼顧育兒，在生活與夢想中找到平衡點。」2017 年 4 月「樂樂君開心餅乾 RaRaKun.Art」就此誕生。

以「燈籠魚」哲學迎向創業各項挑戰

憑藉對繪畫的深厚愛好，Sunny 迅速掌握製作糖霜餅乾的 Know-How。對她而言，糖霜不只是甜點的裝飾，更像是畫家的調色盤，每塊餅乾就是一張畫布，等待她揮灑創意。製作糖霜餅乾猶如回歸本源，她如手握畫筆作畫般自然，很快地便運用這項新技能，創作出既美味又充滿童趣的作品，贏得顧客喜愛。

然而，如何將「才能變現」是許多手作職人共同面臨的挑戰。儘管 Sunny 的創作天賦有目共睹，但要擴大業務規模並獲得穩定收入卻實屬不易。她坦言，從設計、校稿、繪畫到製作和寄送，當工作量換算成薪水自己的時薪僅剩 45 元。這一現實使她意識到，僅憑製作糖霜餅乾難以支撐自己的夢想，她苦笑地說：「為了提升銷售業績，我也嘗試在市集擺攤或做餅乾點心，但銷售還沒起色，體重就已達人生巔峰。」

圖：Sunny 不僅擁有日本 JSA 糖霜與和菓子雙高階認證，更是台灣藝術水晶糖霜創始者

　　儘管碰到挫折，Sunny 仍秉持「燈籠魚」哲學，縱使創業充滿挑戰，未來也不明朗，但只要「自己照亮自己的路，就能勇敢向前邁進。」Sunny 改變策略，不再將銷售工藝定為主軸，轉而將分享「體驗」作為創業核心，她在市集教導畫製糖霜餅乾，邀請大小朋友透過手作享受糖霜餅乾的美好。體驗課程受到不少人的歡迎，甚至有小妹妹連續兩週特地要求爸爸帶她來畫餅乾，並親手畫了她的頭像。這讓 Sunny 大為感動，也讓她初嚐教學的樂趣和成就感，並在心中埋下日後成為一位分享藝術甜點的講師。

圖：獲得兩金一銅殊榮

圖：赴英參加蛋糕界奧斯卡 Cake International，一舉奪得兩金一銅好成績

國際比賽雙重鍍金，成功拓展品牌知名度

儘管手作體驗活動為攤位帶來人氣，但參與市集的收入仍未達到預期。在競爭激烈的網路市場，僅憑製作糖霜餅乾和市集教學，仍難以維持穩定收入，這成了 Sunny 創業以來碰到的第一個挑戰；不僅如此，家中長輩對於「在家烘焙創業」也持懷疑態度，期望她能返回傳統穩定的朝九晚五工作模式。理想雖豐滿，支出與收益的數字卻相當骨感，然而 Sunny 並未自此打住，反而更堅定要在食品藝術領域追求卓越的決心。她持續精進糖霜藝術技巧，並成功獲得「日本 salonaise 烘焙協會 (JSA)」的高階糖霜餅乾與高階日本和菓子藝術認證，成為台灣唯一一位獲得雙重高階認證的講師。

2019 年，Sunny 更遠赴英國參加糖藝工藝最高殿堂比賽「Cake International」，首次參賽她就驚人地摘取兩面金獎，自此開展「樂樂君開心餅乾 RaRaKun.Art」品牌知名度，也讓 Sunny 陸續獲得與線上課程平台、烘焙器材廠商的合作機會，並受邀到各大烘焙教室和企業邀約擔任講師。

當她決定去英國比賽時，內心也曾有一番掙扎，她擔心樂樂當時才兩歲，只能請有正職工作的丈夫照顧，且出國的成本也相當高昂，這讓她一度陷入自我懷疑的情緒中。但或許也是因為未來的不確定性，更激起她破斧沉舟的決心，Sunny 在心中堅定地告訴自己：「既然已經投入了這麼多時間和成本，我必須要拿到金獎回家。」這種毅力和決心最終為她贏得了巨大的成功，並為創業之路開闢新的可能性。

跳出舒適圈，「自宅教室」活出女性無限可能

　　不少女性結婚生子後，常面臨工作與家庭的雙重壓力，即使是全職家庭主婦，也容易因長期在家照顧孩子引發低成就感，進而導致心情低落。對 Sunny 而言，創立「樂樂君開心餅乾 RaRaKun.Art」不僅是將個人興趣變現的途徑，更是她不懈尋求的解答：如何讓女性在追求職涯發展的同時，依然兼顧家庭生活。

　　她致力尋找一種能兼顧工作與家庭的最佳生活方式，並希望激勵更多女性活出豐富多彩的生活。她指出，近年來日本的「自宅教室」（サロネーゼ）文化越來越流行。許多女性會利用自身專長和技能，在自家開設料理、美容、手工藝、繪畫、藝術創作等小班制課程，將她們熱愛的事物與人分享，這種模式深深啟發她，希望將此文化也移植於台灣。她表示：「過去有段時間我將工作與家庭切割開來，結果導致事業和家庭生活失衡，使得孩子『樂樂』都成了『憂憂』，完全失去當初創業，希望能有更多時間陪伴孩子的初衷。」

　　Sunny 是日本 salonaise 烘焙協會（JSA）的講師，協會以「即使是初學者也能在育兒或工作的同時將愛好變成工作」為理念，與 Sunny 的想法不謀而合。近年來她擔任講師成功幫助不少女性，將興趣和技能轉化為收入。她指出，成為 JSA 認證講師的獲利潛力遠遠超過單純銷售甜點，尤其是與普通體驗課程相比，JSA 證照課程收費較高，講師即使只招收少數學員也能有顯著收入；再者，日本人精心設計的教學大綱和清晰的標準作業程序（SOP），為講師節省大量備課時間和精力，使得教學更加容易。

　　自 JSA 課程於 2017 年進軍台灣以來，Sunny 作為第一批講師，對這種理念深表認同。這個模式不僅為她提供重要收入來源，還能讓她在自宅工作，與家庭生活更好地結合。「女性不該被家庭綁住而捨棄自己，但也不該為了自身成就，犧牲陪伴孩子的時間！透過這種工作方式，能讓我們平衡生活，並且活出精采的自己！」她堅定地說。

圖：文創糖霜餅乾實務班，讓學員從糖霜新手變高手

圖：自宅教室兼顧家庭與教課工作

圖：於日本人所經營的餐廳「京町山本屋」開設之和菓子課程　　　圖：與孩子樂樂君一起開啟的藝術甜點事業
大受好評，連外國訪客都來參加

圖：晉升金牌教練，Sunny 帶學員參加比賽奪得好成績

勇敢跨出第一步，熱情會讓夢想閃閃發光

　　Sunny 也觀察到，近年來隨著人們健康意識提高，越來越多人尋求減糖、減油的甜品選擇，因此，除了經典的糖霜與和菓子課程，她也積極開設素食、低糖和無麩質的甜點課程。她表示，雖然目前有興趣學習素食烘焙的人數不多，但自己仍努力學習和深化不同類型的甜點製作技巧，並計劃在今年開設更多類似課程，以滿足不同學員學習的需求。除此之外，Sunny 認為若想在日本學習烘培，除了傳統的烘焙學校外，參加日本家庭主婦的自宅教室也是一個絕佳選擇。這不僅提供了深入了解日本文化的機會，還能學到日本家庭主婦的獨家技巧，為了給予學員更豐富的學習體驗與拓展烘焙視野的機會，今年她計劃與旅行社合作，組織學員前往日本體驗當地的自宅教室。

圖：Sunny 成為日本 JSA 協會台灣本部講師，同時也從日本引進水晶糖霜餅乾，在台灣掀起風潮

Sunny 坦言，創業過程充滿大大小小的挑戰，自己相當感激一路上丈夫的全力支持。不僅陪伴她度過初創的艱難時期，還鼓勵她聆聽內心的聲音，這給予 Sunny 追逐夢想的勇氣，「即便在創業之初會有不少恐懼，但我也終究學會一步一步前進，解決各項難題。」

正由於萬事起頭難，她鼓勵每位擁有創業夢想的人勇敢邁出第一步，不必等待完美時機。她相信一旦開始行動，一切所需的資源和機會將會隨之而來，Sunny 表示：「找到自己熱愛的事物，保持積極正向的態度，並不斷優化自己的技能，就是掌握邁向成功的可能性。」創業已逾五個年頭，對於 Sunny 而言，當媽媽確實是生命的轉折點，同時也是一份珍貴的禮物。因為在這段旅程中，她不停地學習和優化，果真找到一條能讓自己大放異彩的道路；她的故事也因不少媒體報導，鼓勵更多女性勇敢跳出舒適圈，發現自己的無限可能。

圖：Sunny 取得日語領隊執照，期望開啟新篇章

品牌核心價值

全職媽媽透過興趣變現，家庭事業同時優化，打造閃亮育兒生活。「樂專家」樂在手作，專注美好，家倍幸福。

經營者語錄

當個燈籠魚，照亮未來的路，也照亮身邊的人！

給讀者的話

請勇敢做夢，然後勇敢行動！

樂燁文創 / 樂樂君開心餅乾 RaRaKun.Art

官方網站：rarakun.art

Facebook：樂樂君開心餅乾 Ra Ra Kun .art

Instagram：@rarakun.art

圖：鹿港圓環頂麵食館提供各種精心料理的美味，收服一個個饕客的心

台灣道地風味，每日飽足好滋味

在台灣人的日常生活中，傳統小吃扮演著一個極為重要的角色，在這片土地上，吃美食不僅滿足口腹之欲，更是帶著熱情與希望迎接每一天的方式；其中，說到台灣傳統美食，許多人會聯想到香氣四溢的滷肉飯和清爽可口的陽春麵，作為台灣人心目中的古早味之經典，兩者皆乘載著濃厚的文化底蘊，那是遠方遊子望向家鄉時的懷念風味，也藏匿著當地居民與這片土地所共享的幸福滋味。位於彰化縣的「鹿港圓環頂麵食館」，是許多當地人一到用餐時間便會湧入的人氣餐館，不只有滷肉飯、陽春麵和招牌乾意麵，還有精心料理的各種麵食、湯類、小菜等美味可供選擇，上桌的是一道道味蕾上的寄託，讓顧客在細膩中品嚐出無限的生活光景。

以熱愛美食的心，為人生拚搏一次

坐落在彰化鹿港的博愛路上，鹿港圓環頂麵食館所在的位置並不算熱鬧，然而，如此樸實而安靜的一條小路上，竟也能在用餐時刻瞬間生機勃勃，它的喧囂並非來自路上的車水馬龍，而是麵食館門前那一陣陣的歡笑聲和飄散而出且令人垂涎的香氣。宛如一座隱藏在巷弄中的美食寶藏，鹿港圓環頂麵食館自開店以來，隨著歲月的歷練，已悄然成為當地的美食據點，餵養著無數饕客的味蕾。

老闆黃崑山原本是一名樂於挑戰的開發型業務，兢兢業業、努力踏實的他，在工作上創下不少優良的績效表現，從食品業跨足油漆與塗料業，他以一貫的兢業態度和積極主動的學習精神，闖出屬於自己的一片天地。不過，考量個人生涯發展，有一天他開始思考「何不為自己的人生拚一次？」於是，過去作為業務，嘗遍各地特產小吃，對於台灣美食特別感興趣的黃老闆，因緣際會之下從彰化來到台南，向認識多年的老師傅學習烹煮肉燥飯。

黃老闆分享：「我習慣每天提早到店裡幫忙開店，跟著師傅學習烹煮古法肉燥，麵店忙完大約晚上 11 點，接下來就是記錄一天學習下來的心得，每天筆記研習口味上應增或減？調配上如何？

圖：散發著濃郁的香氣，忠於美食的顧客前來鹿港圓環頂麵食館品嚐美味

方得更完美，堅持至每天凌晨 4 點，再與師傅請教過程是否有需要加強或者疏失的地方？藉此更加提升自己。」耗時一個月學習基本的烹調技法後，黃老闆開始了長達兩年的菜單口味研發工作，結合多元的市場觀察和敏銳的味蕾，鹿港圓環頂麵食館的菜單逐漸地形塑出屬於自己的輪廓。

圖：從滷肉飯、麵食、湯類到小菜，每一道料理都是老闆黃崑山花費時間與心力用心研製的好滋味

流轉在舌尖，迴盪在心頭的道地好味

　　每到中午和傍晚的用餐時間，鹿港當地人們紛紛卸下一切繁忙，來到位在博愛路的鹿港圓環頂麵食館，準備享用豐盛又扎實的一餐。廚房白煙奔騰，黃老闆熟練地烹調著他所用心研製的各式麵食和湯類，幾乎沒有休息的時間，因為循著香氣和美味而湧進的客人們，正一個個坐在餐桌前嗷嗷待哺，黃老闆為他們送上一碗又一碗的餐點，讓大夥在道地的風味中漸漸飽足。

　　「滷肉飯和乾意麵是我們的店內招牌，紅油抄手也是我相當有信心的人氣菜色。」黃老闆提及。過去和台南老師傅學習麵食的功夫時，師傅店裡主打的是大眾所熟悉的陽春麵，然而，鑑於鹿港當地的陽春麵店密集度極高，黃老闆便思考以與眾不同的主打品項，殺出一條全新血路，而他選擇的是乾意麵。「在長達兩年的籌備過程中，我們嘗試了將近 50 間麵廠的麵條、超過 50 個醬油品牌，希望在不斷的實驗和調整之下，找到最能滿足顧客味蕾的組合，製作出最好吃的乾意麵。」

　　不僅如此，菜單上的福州丸湯、招牌豬心湯也是黃老闆的心頭好，以高標準研製而出的好滋味，讓來店的客人無不為之著迷。此外，豐富多樣的小菜也是店內一大特色，眼花撩亂不知該點哪一道小菜？黃老闆特別推薦自家的招牌滷蛋，嚴選四種高品質醬油，特製出具有層次感、風味極佳的蛋黃，口感介於滷蛋和鐵蛋之間，每一口都令人難以忘懷。

　　除了提供客人美好的用餐體驗，鹿港圓環頂麵食館亦推出手工丸、生餛飩、赤肉羹、生水餃等冷凍宅配，以及孟婆辣椒湯和辣台妹辣油子，全台各大超市、量販店、線上購物網站皆可購買，在家中也能夠品味到不凡的獨門美味。

創業遇惡鄰：即使身處逆境，仍選擇擁抱良善

　　開一家店本是值得欣喜之事，尤其黃老闆吃苦耐勞，每天早出晚歸並且默默付出，一切辛勞對他來說皆屬小事，然而，有件他從未預想過的難事，竟然意外地發生在自己身上。那是一條崎嶇的路，因為眾人逃之夭夭的惡鄰居近在咫尺，騷擾、羞辱、威脅種種惡意招數樣樣來，而黃老闆未曾退縮，他始終懷抱正面迎戰的意志與決心。

　　「創業那年十分倒楣，不只因為身體狀況不佳做了小手術，沒想到還讓我遇上了惡鄰居。他半夜1點到4點不斷敲打自家鐵皮屋（臨靠我們床頭）藉此驚嚇，讓人心神不寧，每當有聲響就會恐慌，老婆還因此需要求助身心科！他也會刻意拿著單眼相機到店門前拍我、老婆和家人的照片，我從他家門前路過他卻告我窺視。甚至我們的客人在門口暫時停車他會立即報警，警察曾經一天來過 11 次，他會找任何理由檢舉、提告，寄了許多光碟給我，也會當眾到門前大小聲，更曾經找過地方人士『硬性』協調，當中還被莫名丟雞雞蛋。」黃老闆解釋。

圖：彰化縣長王惠美女士、「萬老師」郭昱晴大力支持鹿港圓環頂麵食館，推薦彰化道地特色小吃，也是知名美食節目「食尚玩家」鹿港美食之壓軸店家

　　正直做生意，卻遇上惡鄰居，黃老闆坦言感覺自己身處人間地獄，因為那段時間他不僅要開店做生意，還得拖著疲憊的身軀進出法院，最多曾一天開三庭，不只睡眠不足，生意不見起色，又因創業前曾向家人借款，將部分資金使用在裝潢上，使他無法隨時搬離，這一切令他百般煎熬。黃老闆雖然吃盡苦頭，但樂觀正向的他回顧這一切，卻有著一番不同的見解。他樂談：「在這些事情發生以前，我認為自己就是溫室的花朵，離開溫室有了磨練之後，才從懼怕漸漸勇敢起來，也開始看清楚許多人事，更學會自己寫答辯狀和起訴狀。我不會感激他，但這位惡鄰居的確讓我學習及成長許多。」

　　講求凡事靠自己，有能力則盡力幫助他人，雖然身在逆境之中，黃老闆內心想的卻是盡己所能為社會付出，從提供待用餐、捐贈滷肉飯到捐贈棉被，每一件別人眼中的小事他皆親力親為。黃老闆表示，待用餐在疫情期間發揮出它的最大效用，在此期間他除了捐贈滷肉飯，更捐出水餃與餛飩各一萬份以上，至今依然持續！「我喜歡閱讀老子的智慧，有一句話：『以其無私，故能成其私。』對我的影響非常深遠。他也帶領我走出人生困境，讓我學會轉念，而體會過人生的苦，讓我開始想要幫助別人，讓需要幫助的人能夠感受到世間的溫暖，因為那是我在谷底時渴求，卻未曾擁有過的慰藉和力量。」

圖：黃老闆愛心烹煮，獻上美味的同時，也希望傳遞良善與愛的價值

不一樣的加盟理念：願更多人共同傳遞助人價值

　　回顧七年前創業初期，黃老闆身上僅有新台幣八萬元，在父親的擔保下向農會貸款與表哥的資金支持，他秉持著「只許成功，不許失敗」的信念，以勤奮和毅力為事業奮鬥，他坦言，「由於資金和債務的壓力非常大，督促著我不斷精進店裡麵食和肉燥的口味，讓一切盡善盡美。」黃老闆深信只要努力不懈，勇敢面對創業道路上的困難與挑戰，帶著使命感堅持下去終能成功。

　　「如同人生，創業也是很辛苦的事情，但是現在回想起來，所有艱辛的過程確實都是一種學習，不論成果好壞，我們都累積出更豐富的經驗和傳承。」黃老闆在逆境中所展現的堅強與韌性，促使他在地點偏僻、充滿挑戰的鹿港博愛路上，成功打造出一家擁有眾多忠實顧客的麵食館。信念的力量是如此巨大，即便談及加盟，黃老闆亦展露了不同於其他經營者的個人風範。

　　黃老闆表示：「我們目前在溪湖有一家加盟店，但是我沒有收加盟金。我認為，錢財屬於身不帶來、死不帶去之物，若說有什麼能夠在世上長存，我想那就是人的善念和精神！所以，我們唯一的加盟條件就是合作夥伴需要願意做待用餐，一起發揮良好的影響力。人生不只有賺錢這件事，幫助更多人，是我的經營理念中最為重要的目標。」這份藏不住的善意讓老闆黃崑山充滿著人性的光輝，也為店內的美食小吃注入無盡的人間溫暖。

品牌核心價值
鹿港圓環頂麵食館，秉持以舒適整潔的用餐環境，提供各種精心料理的美味，以滷肉飯、乾意麵、陽春麵、紅油抄手麵作為主打招牌，在料好實在的平實價位中，收服一個個饕客的心。

經營者語錄
以其無私，故能成其私。《道德經第七章》

給讀者的話
工欲善其事，必先利其器，投入任何事之前，必定要有萬全的評估及準備；不論志在何方都要學會堅強，回頭即是前功盡棄，一定要學會遇事不畏懼，並且勇敢解決一切問題。

鹿港圓環頂麵食館
店家地址：彰化縣鹿港鎮博愛路 42 號
聯絡電話：04-775-5345
Facebook：鹿港圓環頂麵食館
Instagram：@lukang__circle_top_restaurant_

張哲維建築師事務所
ARCHITECTS & PLANNERS

圖：張哲維建築師事務所不限定單一建築類型，團隊持續挑戰多樣化的設計項目

以設計為導向，用心打造台灣建築之美

英國建築師 Stephen Gardiner 曾說：「好的建築來自好的人，所有問題都能通過好的設計解決。」建築不僅是物理空間的創造，更是思想、情感和文化的具象化表達。2015 年成立的「張哲維建築師事務所」，以設計為導向，事務所團隊擅長以創新思考模式和人性化設計，打造富有美學思維的空間氛圍；近年來以住宅、廠辦和幼兒園等相關作品，讓更多人看見台灣在地建築之美。

克服創業初期挑戰，首案交出漂亮成績

每個專業建築師必然都經歷過菜鳥時期的磨練，這段時間往往讓他們最難忘，也因而能在過程中儲下各種寶貴經驗與資源。從業八年多以來，建築師張哲維已承接將近上百個案子，談起第一個案子他仍舊充滿熱忱，宛如昨日。

甫成立不久的事務所，相較大公司的資源或人脈，必然難以相提並論，為了給予客戶信任感，除了專業，張哲維費了不少心思。他說：「當時我的第一個案子是一個近八百坪的幼兒園，我很擔心接不到這個案子，晚上還發簡訊給業主，告訴他：『如果你給我這個案子，我一定會很努力、很用心地把它做好』。」將一個案子交給剛起步的建築師是件風險極大的決定，但幼兒園園長看著說話誠懇且樸實的張哲維，便決定給他一次機會。當時張哲維花了很多時間了解幼兒園的教育理念，並觀察幼兒行為和需求，儼然也成了幼兒教育的行家。如同他所承諾般，他將全部心力都投注在此案，希望達成客戶的期待。

圖：張哲維建築師事務所作品集

　　張哲維表示，通常設計師在事務所比較難學習到建築工法，除非老闆有心教授，且設計端轉化到施工端，也會經歷較為艱難的轉換過程，張哲維原是設計師出身，後來才考取建築師執照。承接此案，他只能從原本所擅長的部分向外輻射、觸類旁通；他造訪當地不下百次，果然不負園長的期待，交出一個漂亮的成績單，這也讓張哲維在創業之途中站穩腳步。人們都說萬事起頭難，創業也是如此，張哲維認為：「從零到一是最困難的，你必須讓業主感受到你全心全意專注在他們的案子上，這是創業初期最重要的關鍵，一旦做出口碑並累積案源，後續就會更加容易。」

圖：張哲維建築師事務所打造最符合客戶期待且充滿個人魅力的作品

以人為本的創新思維，滿足居住者需求

　　建築涉及極多層面，如環境、教育、人文、社會、文化、藝術及工程技術等等，這成了建築的最大魅力之處，對事物富有好奇心的張哲維，在建築的世界中，總能永無止盡地研究和探索，並學習最新的設計與工程技法，讓他從未對工作感到無聊或倦怠。他說：「建築總能給予我不同刺激，激發我的好奇心，如果沒有這個特色，我想我很快也會覺得乏味，不想再做下去。」

　　在住宅案件上，他擅長以創新且富含以人為本的思維，打造出最符合客戶期待且充滿個人魅力的建築。他認為每個人從小到大的空間體驗都不一樣，唯有尊重客戶的想法與體驗，盡力達到他們期待的環境氛圍，才算是好設計，因此規劃空間時，事務所總將使用者需求擺在第一。部分設計師雖有良好專業素養，但有時會因無法設身處地預想客戶居住需求，而發生「把自身想法過度嫁接於使用者」的問題。張哲維舉例：「我曾看過有個設計師設計的家中全都是夾層，也就是無論走到何處，都需要樓梯，但試想屋主未來年老時，走路若不方便，該怎麼辦呢？」

　　張哲維相信空間設計的重點並非是多麼美輪美奐或酷炫，更重要的是讓居住者住起來舒服並滿足生活需求，儘管有時事務所也會提出較前衛的設計，與傳統美學思維較不一致，但他認為住宅案還是應根據客戶自住或投資等需求，為其規劃。今年事務所即為一個有飼養寵物的家庭，以可愛的「寵物之家」概念，設計出獨棟住宅，張哲維融合客戶喜愛的地中海與北歐風格，並利用寵物「攀爬」的意象，表現於戶外樓梯及形體，大膽創新「家」的概念，也成了當地相當著名的建築。

　　2024 年 4 月 3 日強震重創花蓮地區，餘震持續一個多月，建築結構如何隔震或制震再度引起人們關注，有的客戶也會詢問事務所，是否能在建設時增加更多混凝土或加厚鋼筋，提高建築的耐震程度。張哲維提醒，增加鋼筋數量或提高混凝土並非正確方法，過度增加可能導致結構過於剛硬，反而容易增加自重而在地震中倒塌；正確的耐震設計應該要遵循建築規範和抗震設計標準，並運用專業軟體和數據模擬、分析和驗證，才能保障居住的安全。

圖：事務所以其專業素養、耐心和靈活度，一次次交出漂亮的成績單，贏得客戶信任與支持

專業素養與耐心經營的結合

　　事務所的營運核心是建築與設計專業，這不僅是事務所的立足之本，也是贏得客戶信任的關鍵。事務所多數業主雖然不從事建築相關行業，但他們屬於中高齡階層，具有豐富社會經驗，總能輕易辨別建築師的專業度。除了專業外，張哲維在面對長期項目時，也展現極大耐心和毅力，他提到有個案子從土地變更到開始動工就耗時四年，如果缺乏耐心或只追求短期利益，很可能就會放棄。「事務所要一步到位拿到大案並不容易，我認為只要是好業主，我們都會不懼困難地長期投入。」這樣的態度也成了事務所奠定信譽和口碑的良好條件。

　　除此之外，張哲維認為面對業主需求和建議時，展現靈活和包容的態度也相當重要。對於反復修改設計的業主，他會在必要時堅持專業建議，同時在合理範圍內調整和修改，「與業主的溝通應該在該堅持的地方堅持，但也要有足夠彈性回應不同需求。」事務所以其專業素養、耐心和靈活度，一次次交出漂亮的成績單，贏得客戶信任與支持。無論是面對長期項目的挑戰，還是應對業主的不同需求，張哲維和其團隊都展現出卓越的專業能力和靈活的應對策略，讓事務所獲得良好的口碑，也因而案源不斷。

引進人工智慧 AI 技術，保持建築專業領先地位

在快速變遷的社會中，建築設計的觀念、需求、技術和工具也正不斷變化，為了保持建築專業的領先地位，事務所團隊在工作之餘，持續吸收新知，並研發和更新儀器設備。今年，事務所首次引入 ChatGPT、Midjourney 和 Stable Diffusion 等 AI 技術優化方案，提升效率和創造力，確保能為客戶帶來最前沿的設計。

創業近九年，張哲維以優質的服務和真誠可靠的態度，與眾多客戶建立深厚的友誼，並成功拓展不少新客戶。今年，他與中國大陸合作建造大型冷凍自動倉儲工廠，這是台灣與中國首次在此類項目上的協作，也為他帶來不小挑戰。張哲維指出，兩岸在施工圖標識和術語存在不少差異，初期就帶來了溝通的隔閡；此外，台灣過去沒有人執行過類似案子，也缺乏參考資訊，他只好多次前往中國，詢問不同領域人士的意見。「這個過程宛如瞎子摸象，但因為這個專案，將為事務所累積冷凍自動倉儲工廠的 Know-How。」他期待未來能因此案為事務所開創出更不凡的成就。

展望未來，張哲維認為「穩定」是企業發展的基石，尤其各行業都面臨人才短缺的問題，為了將優秀人才留在企業中，他意識到必須積極改善管理模式，因此今年他特地到國立中興大學高階經理人碩士在職專班進修，以提升管理能力，為事務所帶來高效的管理模式，也為員工塑造一個優質的工作環境。他相信，集結過去所有經驗和團隊的堅強實力，未來必定能設計更多元的建築作品，讓人看見台灣建築的迷人風采。

圖：張哲維期望打造最強設計團隊，在建築設計、室內設計與環境景觀規劃領域接受任何挑戰

品牌核心價值

　　創新、安全、美觀、永續。致力於創新與創意，綠色建築與可持續發展，融合人文與機能，追求卓越美學品質，並積極提升人們生活品質。

經營者語錄
莫忘初衷，上善若水。

給讀者的話
好奇心、堅毅、自控、社交、熱情、感恩和樂觀。

張哲維建築師事務所

聯絡電話：04-2473-9736

公司地址：台中市西屯區甘州二街 31 號 3 樓

Facebook：張哲維建築師事務所

產品服務：土開評估、建築設計監造、室內裝修設計、景觀設計

圖：走入育昇幼兒園，彷彿進入了一個充滿歡笑和學習氛圍的友善大家庭

愛、關懷、快樂、創意之學習樂園

　　在當今社會中，少子化的議題尤為顯著，對於擁有孩子的家庭而言，無不期望家中的寶貝們能夠在充滿關愛和快樂的環境中培育成長，而此時幼兒園便扮演著至關重要的角色。在幼兒教育的世界裡，幼兒園的老師們如同花園裡的園丁，結合遊戲及學習，默默地灌溉著知識與創意的種子，打開每位孩子的奇思妙想之門，同時在呵護中培養起愛的根基，讓所有孩子都能在溫馨的教育環境中茁壯成長。位在新竹市的私立育昇幼兒園，以夢想為起點，透過精心設計的課程和充滿愛心的師資，激發孩子們內在的好奇心與探索精神，為孩子們帶來無盡的歡笑和啟蒙，成為一個能讓孩子開心、家長安心的最佳學習樂園。

成為幼兒園園長：是年少時的夢想，也是一輩子的使命

　　在青春年華的曠野中，每個人都是一位夢想家，擁有無盡的想像力和對未來的憧憬，同時也是一名冒險家，兼具著向未知世界探險的勇氣，正要開啟一場奇妙的冒險。育昇幼兒園的背後，即是一個年輕女性尋找自我、追求理想的旅程，直至今日的每一步足跡都是她對人生與夢想最深沉的回應。

　　「或許因為媽媽是幼教老師的緣故，從小我在耳濡目染之下，在國高中時期就立志要成為幼兒園的園長。以前媽媽在教育方面就很用心，讓我學習鋼琴、繪畫，並且極力栽培我上美術特殊資優班；不過，高中後為了實現自己的夢想，我轉讀二專的幼保科，畢業後在幼兒音樂領域教授鋼琴，也曾在媽媽工作的補習班帶幼兒班。」育昇幼兒園園長劉逸竹回憶著她的夢想萌芽時光。

圖：安全又溫馨的環境，育昇幼兒園是孩子們快樂成長的理想樂園

　　雖然擁有一個堅定的夢想，劉園長深知開一間幼兒園勢必需要一塊廣大的土地，將會耗費一筆不小的創業資金，因此，創業之前她努力地教琴和存錢，課外時間也參與教保相關的研習，從不中斷於自我成長與專業精進。

　　艱苦奮鬥，必有所成，在幾年的勤奮累積之下，劉園長在 30 歲那年，實現了創辦園所的夢想，對於一名幼兒園的園長而言，那仍是個非常年輕的年紀，她回憶：「真的是一個機緣，當時媽媽跟我說有間幼兒園搬走了，我查訪後決定承接下來，經過承租、整理、創辦階段後，開始招生時我的存摺只剩下新台幣三千元。」

圖：育昇幼兒園擁有最佳戶外場地，讓孩子們歡笑奔跑，健康舒展身心

培育新生的黃昏產業之考驗與成長

談起 2009 年創立育昇幼兒園前後，劉園長對於自己即將踏入的是一個黃昏產業了然於心，可是對她而言，這是個無法延期的夢想，她真正想做的是放手一搏，因此，在絲毫不畏艱辛的情況下開始了招生的工作。為了招生，劉園長早起至菜市場，也利用晚上和假日時間前往夜市和假日花市發送廣告傳單。

在招生工作告一段落後，劉園長發現管理一個師資團隊並不容易，尤其徵聘幼保本科系的師資更非易事，為了降低員工流動率、提升團隊實力、培養團隊默契，劉園長特別前往清大研究所研習教育行政和正向領導力的課程，並於兩年時間內得到實際應用上的幫助，也大幅改變了她在領導方面的思維，從管理員工變成領導團隊。「在這個少子化的時代，幼保本科系畢業的師資相當難得，所以我認為與其管理員工，不如多多站在他們的立場思考，共同溝通和討論需要改善的地方，建立起默契和情感，一起成為更棒的團隊。」劉園長建議。

隨著時代的演變，少子化議題成為公眾關注的焦點，為鼓勵民眾生育及培育孩童，當今政府積極實施公共教育政策，廣設公立、準公共與非營利幼兒教育機構；對於家長來說或許是一大福音，但對於廣大的幼兒園業者而言，在未有任何配套措施下落實上述公共教育，對產業的衝擊性甚大。

劉園長說明：「面對行業的衝擊，私立幼兒園可與政府簽約，成為準公共化幼兒園，但是目前育昇幼兒園未有這方面的計畫，因為公立幼兒園在教育型態和課程規劃上都會有所限制，一旦加入我們就無法做出自己的特色，所以現在仍以讓孩子快樂學習，提升他們的創造力、邏輯思考及團隊能力為育昇主要的目標方向。」

圖：劉逸竹園長為師資群聘請講師，促進每位老師研習新知、提升專業，共創更美好的教育

圖：育昇的課程豐富多元，孩子在這裡遇見滿載童年的各式美好奇趣

育昇特色優勢：堅強師資陣容、寓教於樂的課程

　　走入育昇幼兒園，彷彿進入了一個充滿歡笑和學習氛圍的友善大家庭，孩子們在這片樂園裡天真快樂地成長，好奇而用心地學習，老師們則以陽光般明亮的心，用專業和愛心引領著孩子們踏上這段繽紛的啟蒙之旅。育昇幼兒園不僅注重課堂學習，更關心每位孩子的全人發展，透過各種主題教學，讓每個孩子都能在多元的學習中開啟自己的興趣及潛能。

　　目前育昇幼兒園提供 2~6 歲的孩子們優良的學習及成長空間，採幼幼班、小班、中班、大班各一班，由專業教保師資帶領。談到師資團隊，劉園長表示：「我很幸運，我有一群跟我一樣熱愛孩子又富有理念的夥伴跟我一起努力，平時我們也會聘請顧問和講師給予幼兒課程、教保倫理和心靈成長等面向的指導，所有老師都很努力地參與，一起成長、精進自己。」

　　除了優秀的師資，育昇幼兒園的三大特色課程也深受學生和家長喜愛。「我們使用丹麥原裝進口樂高組作為樂高教育課程教具，由老師們經過長時間訓練且取得證書，專業講師也會定期前來觀課，目標是希望透過寓教於樂的方式，提升孩子的創造力、邏輯思考力和團隊合作能力；另外，還有我們精心籌劃的主題繪本課程，希望藉由深度而多樣的閱讀，啟發幼兒的思考力和學習力。最後一個則是幼小衡接課程，以扎實但無壓力的快樂學習方式，為大班的孩子們做好幼小衡接的準備，使其在未來學習中更具優勢。」劉園長深入說明。

圖：育昇幼兒園不僅注重課堂學習，更關心每位孩子的全人發展，透過各種主題教學，讓每個
孩子都能在多元的學習中開啟自己的興趣及潛能

實現創業夢想後，更須專注於品牌的延續

育昇幼兒園自 2009 年開辦以來，不斷走在創新與進步的道路上，這是劉園長身為教育家的夢想之實踐，也是其使命的落實；她以堅定的信念與深厚的教育經驗，打造了育昇的獨特風采，融入愛與關懷的元素，將教育提升至一個更溫暖而人性化的層次；凡事親力親為，劉園長認為，實現創業夢想後，更必須認真而專注地投入，讓夢想發揮最大的價值。

「開辦育昇幼兒園並非為了賺錢，而是為了圓夢，所以我將育昇當成自己的孩子，用心栽培，期盼它能夠一天比一天更好，不斷地成長和進步。認真辦學、做出有特色的教學，照顧好每個孩子、體恤家長、同理老師，我竭盡所能、心無旁騖地用心經營它。」劉園長分享。

不僅是知識的搖籃，更是愛的港灣，劉逸竹園長身為孩子們成長路上的引路人，將育昇幼兒園打磨成一個獨樹一幟的教育據點，過去的歲月它見證了一個夢想的實現，從今以後這裡更將為孩子們點燃前行的希望之燈，成為他們展翅高飛的起點，願每一個小小的美夢都將在此蓬勃成長。

圖：劉逸竹園長擁有一顆愛孩子的心，以創業實現更多的夢想，致力於打造一個優良且溫馨的教育環境

品牌核心價值

新竹市私立育昇幼兒園，以夢想為起點，透過精心設計的課程和充滿愛心的師資，激發孩子們內在的好奇心與探索精神，為孩子們帶來無盡的歡笑和啟蒙，成為一個能讓孩子開心、家長安心的最佳學習樂園。

經營者語錄

誠信、負責、謙虛、合作。

給讀者的話

每天抱著感恩的心工作，感謝我的工作夥伴們，感謝信任我的家長們，感謝每天陪伴我的孩子們，由此可以發現，原來我們從幼兒教育的工作中，獲得如此多的快樂和溫暖！

新竹市私立育昇幼兒園

幼兒園地址：新竹市東區食品路 280 號

聯絡電話：03-561-9675

官方網站：https://www.ysmk.com.tw/

Facebook：新竹市私立育昇幼兒園

圖：大好屋共同創辦人 Vivian 與 Domi

探索花藝世界之專業材料首選品牌

　　花草是大自然賦予人類最浪漫的一種禮物，很久以前人們便以花草作為文學題材，抒發生命與情感的美妙感受；而在日常生活中，花草和人們的關係更是緊密相連，嚮往美好生活的人常以其妝點環境，增添幾分生機及色彩，注入更多溫馨與詩意。對於現代人而言，花藝給予了親近大自然之禮的機會，透過一步步的探索，讓人在繁忙的生活中停下腳步，感受花開的溫柔與永恆的生命力。作為專業的花藝材料首選品牌，「大好屋」堅持選用優質永生花、乾燥花材，自主研發花器及包裝等材料，專注於商品的品質和設計，並且以最貼近需求而實惠的價格，贏得無數客戶的信任，收穫滿滿的好評。現在就跟著大好屋，一同踏上這片花藝的仙境，領略其中的奧秘和魅力。

蛻變之路：從花藝愛好者到成功創業家

　　在日文中，「大好き」直譯為「很喜歡」，有著極為喜愛之意，以此靈感而命名的花藝材料品牌「大好屋」，則期盼能夠提供顧客最喜歡、最優質的商品。乘載著如此理念，隱身在品牌背後的其實是兩位懷抱熱情、心存堅毅的年輕女性——Vivian 與 Domi，而大好屋的故事，就要從兩人攜手共同創業之前開始慢慢說起。

　　原居上海，從事對日國際貿易，Vivian 因家庭之故放下了大陸穩定的事業，輾轉回到台灣經營網路電商；生活在台灣的日子，一切是踏實的，是溫婉的，Vivian 也逐漸在忙碌的縫隙間找到了個人興趣。那時，她愛上了花藝，跟隨花藝老師上課，而課後最常做的就是徘徊在線上商店或者實體店面購買花藝材料，卻意外發現台灣十分欠缺購買花藝材料的健全管道，仍然擁有國際貿

圖：大好屋門市繽紛且整齊的花藝材料陳列，滿足顧客輕鬆便利的購物體驗

易通路及資源的 Vivian，以剛在台灣起步的蝦皮賣場為起點，憑藉自己優異的選品能力，正式經營這份屬於自己的事業。

　　從前在傳統產業擔任業務的 Domi，本身則具備深厚的設計背景與經驗，在前公司拚搏了十年後，一心嚮往為自己的人生帶來改變，因緣際會之下她決定加入 Vivian 的創業夢，一起開拓這個她未曾觸及過的領域，期許透過設計的才能，為品牌注入新氣象。

　　從 2018 年經營至今，如今的大好屋已是許多專業人士選購花藝材料的首選。Vivian 喜悅地說：「目前我們不僅有線上賣場，也有實體門市，客戶遍及全台灣，多為花店業者和花藝師，由於選品和設計深受買家的認可，價錢也比日本來得實惠，因而擁有非常高的回購率！」年度業績穩定成長，大好屋公司人員的規模早已突破二十人，他們辛勤地在花藝材料中來回穿梭著，只為把這個充滿奇幻和美麗的故事與世界相連。

面對的是天然嬌貴，品質更要精挑細選

　　回顧這六年的創業歷程，對於 Vivian 和 Domi 來說，最艱難的任務莫過於維持花材本身的品質。「永生花是以鮮花為基礎，透過特殊工藝技術來保存鮮花的特質，觸感柔軟，質地天然，通常可以保存五至八年的時間，因此，作為花藝材料品牌，提供品質優良的花材給客戶，對我們而言特別重要。」在市場競爭日益激烈的情況下，如同 Vivian 所提及，保持花材的新鮮度和品質更有其必要，特別是在氣候濕熱的台灣，溫度或濕度的任一變化都有可能導致花材品質出了差錯；為避免以上情形的發生，大好屋的花材皆經過多方嚴選、層層把關而精挑細選出來。Vivian 談到，「台灣的客人對於花材的要求極其高，所以我們非常積極在這部分下功夫，花費許多成本試品，耗費很多時間向工廠進行品質和配色上的溝通，希望藉此達到花材的穩定供應。」

　　面臨著種種挑戰，即便之間穿插著諸多不可控因素，Vivian 和 Domi 堅信，只要堅持不懈和努力提升，便能克服重重困難，為客戶提供更優質、更可靠的花材商品，從而獲得顧客的認可及信任。一次次地，她們更靠近了這個花香四溢、翠綠茂盛的夢想。

圖：大好屋的每一項商品，都藏有 Vivian 與 Domi 的用心，精選優質，展現花藝之美

點燃浪漫靈感，設計出令人沁心的花藝材料

　　除了深受花店業者、花藝師等專業人士的認可，還記得幾年前那場突如其來的疫情，一時將所有人都隔絕成一座孤島，花店、花藝教室更是沒有人上門拜訪，生意慘淡的情形下，對於花藝材料的購買需求也大幅下降。面對這般困境，在隨時可能經營不善的危急下，大好屋的作法是——尋找解決問題的方法。「疫情發生時，顧客無法前來門市直接選購商品，幸運的是，我們有實體門市，同時也是電商；那時候，許多學生、上班族不再出門，而是實行遠距上課和在家辦公，我們突發奇想地把花材分配成可以 DIY 的平價個人材料包，直接在蝦皮賣場販售。客戶來源不再侷限於花店、花藝師，我們開始擁有額外的銷售，而對於疫情被悶在家的民眾而言，他們也開始有了在家打發時間的樂趣。」Domi 分享。

　　意外爆紅的材料包，是大好屋在困境之中的緊急應變，也讓創辦人與夥伴們看見了創新所帶來的機會。目前材料包主要以與花店聯名的形式進行銷售，Domi 也發揮設計專長，在原本簡樸的材料包上增添了許多新穎設計和小巧思。除了材料包，大好屋更提供一條龍式的花藝材料服務，以滿足客戶的各種需求。無論是花店業者、花藝師還是個人愛好者，他們皆能在大好屋找到所需的一切，從永生花、乾燥花材、瓶器、盆器、玻璃瓶器、玻璃罩、包裝材料到配件飾品，各式商品在蝦皮賣場和實體門市應有盡有。作為花藝材料的代名詞，大好屋從今以後也將秉持品牌理念，持續給予客戶最優質、最美好的浪漫靈感。

圖：商品種類繁多且設計多元，吸引專業花藝人士選購，豐富花藝愛好者的靈感來源

圖：大好屋從今以後也將秉持品牌理念，持續給予客戶最優質、最美好的浪漫靈感

品牌延續三步驟——堅持卓越，專注創新，細心售後

創業本是一場不斷超越自我的競賽，每一位創業者都在不斷地挑戰自己，突破困難，追求卓越，大好屋團隊亦是如此；與其說他們追求卓越，不如說他們是堅持卓越。Vivian 說明：「大好屋首重商品的品質，我們深知，只有精挑細選過的優質產品才能贏得客戶的支持，進而讓品牌在競爭激烈的市場中脫穎而出，成為不二之選。」

花藝作為一種藝術形式的展現，蘊含著無盡的美好和創意，它不僅是將花卉和綠植巧妙地組合在一起，更是藉由這些自然元素，表達出情感、意象和意境之深度；每一件花藝作品皆伴隨著靈感的流動，唱誦起一曲生命之歌，是一種永恆的藝術之美。Vivian 接續說道：「由於花藝具有流行性，因此我們也特重新品開發，前往日本、韓國等地參加相關展會，觀摩最新的流行趨勢，希望能夠帶給客人全新的感官衝擊，擁有更好的花藝體驗。」

此外，經營品牌當中極為重要的售後服務，也是大好屋所注重的核心價值。在商品銷售的過程中，大好屋積極提供客戶專業的諮詢、解答相關疑問，更在客人購買和體驗後，給予及時的售後支持。Domi 表示：「我們積極與客戶保持聯繫，關心花店的狀況，通知客人新品資訊，並且以貼心的售後服務創造出最佳的購物體驗。」大好屋之所以秉持著用心的服務態度，是因為他們堅信，每一次的買賣不僅是一次交易，更是建立同好之誼的寶貴機會。

品牌核心價值

「大好屋」作為專業花藝材料不二之選，堅持選用優質永生花、乾燥花材，自主研發花器及包裝等材料，專注於商品的品質和設計，並且以最貼近需求而實惠的價格，贏得無數客戶的信任，收穫滿滿的好評。未來期望擴展門市至全台，與更多花藝愛好者一同體驗花開之美。

經營者語錄

花店不只是一門生意，更是一份對生活的熱愛與信仰；每一束花的背後都有一個動人的故事，而我們是每個故事最忠實的守護者。

給讀者的話

在這本書中，你將會發現花店背後的故事和經營者的心情。希望透過這些文字，讓你感受到花朵所帶來的美好和溫暖。讓我們一起享受花的魅力，感受生活的美好。

大好屋

公司地址：高雄市苓雅區光華一路 206 號 9 樓之 1（總部）、高雄市苓雅區四維四路 3 號 B1（門市）

聯絡電話：07-226-3058（總部）、07-338-0990（門市）

官方網站：https://www.daisukiya.com.tw

Facebook：大好屋

Instagram：@_daisukiya_

嘉成 地政士事務所

圖：嘉成地政士事務所秉持客戶至上的服務信念，細心聆聽每位客戶的需求

誠信、創新、客戶至上之最佳夥伴與選擇

　　無論是添置一筆土地，或者購買一個新家，對於許多人而言，它是一段生活夢想的起點；而在這段實現夢想的過程中，處理法律事務則是必經流程。通常在如此重大的生活決策中，人們渴望擁有一個值得信賴的夥伴，能夠引導他們穿越繁瑣的法律程序，確保他們的權益得到妥善的保障，嘉成地政士事務所即是這樣一個至關重要的角色。作為不動產專業顧問，嘉成地政士事務所以專業和誠信，提供客戶專業的諮詢、解析及全方位的協助，專辦土地、房屋過戶和稅賦等項目，從稅務的規劃，到文件的起草與簽署，促進一切流程之進行更加順暢，為令人感到堅實和安心的最佳選擇。

擁有各行業歷練，選擇地政士職涯為依歸

　　若說人生來世上是為了體驗，體驗精彩生活的美好，體驗各行各業的辛勞，陳宣宇代書則充實了比一般人更多的「經驗值」，從服務生、加油站的打工，到駕駛貨車，前往市場協助擺早市，各行業皆留有他的足跡，他在年紀尚輕的歲月中已百般體會不同行業的艱辛。以上經歷不僅豐富了他的人生，也磨練了他的意志力與同理心，因此，每個人心目中都有的那幅未來藍圖，在他的視野中也逐漸清晰起來。

　　由於對生活保持深刻理解，對人性也具有敏銳洞察，退伍後，陳代書早先任職於房屋仲介公司；渴望持續精進的他，在嚴謹的自我要求下，同時考取不動產經紀人證照；隨後更因緣際會，於民國107年考取地政士執照，並在金門地政士事務所執業，擔任主簽代書五年，主要服務區域為大淡水地區。在這段協助他人實現夢想的路程上，陳代書從與客戶建立起的信任和共鳴，以及協助跨越各種障礙的特別經歷中深獲成就感，因而開始在自我想法的延展中，建構出屬於自己的理想，遂於民國111年，設立嘉成地政士事務所，持續服務大淡水地區的客戶，真正實現自我信念的價值與意義。

　　直至今日，嘉成地政士事務所共有五位具備豐富經驗和優秀專業的代書，為淡水區最大規模之首選機構，致力於以優質服務攜手共進，為客戶解決各種地產和法律事務。

圖：嘉成地政士事務所專業代書創辦人——陳宣宇代書

圖：嘉成地政士事務所專業代書群，由左至右分別為——謝君沂代書、高逸家代書

圖：嘉成地政士事務所專業代書群，由左至右分別為——黃士瑜代書、郭惠珍代書

圖：事務所空間簡約素雅，客戶能在此安心地交付任務

一步步細說，踏上創業之路的艱難與挑戰

　　談起創業的甘苦，陳代書認為地政士領域相對其它行業而言，固然有它的辛苦之處，卻也幸運不少，「地政士必須通過國家考試，考取專業執照，這部分我們有一定程度上的優勢，但坦白說，創業初期不管是哪個行業，都充滿了各種挑戰和辛酸。」陳代書表示。

　　投入任何創業，皆需付出努力和奮鬥，因為這條路並非總是一帆風順，陳代書深知這點，也明白正是這些困難及挑戰，堅定形塑出創業者堅韌的性格和不屈的精神。回顧過去，他提到：「初期最困難的是資金問題，或許一開始手邊有些資金，但開一間公司所花費的開銷遠超於先前預估，想像和現實之間確實有著一段極大的落差，因此，在業務尚未穩定下來以前，每個月看著資金慢慢減少，壓力真是無比巨大。」所幸陳代書並不因壓力而氣餒，他深信透過不斷地進步和成長，對客戶展現真誠服務及專業態度，必定能為事業開闢出一條全新道路。

　　成功設立事務所後，鑑於市場上人員的高流動率，陳代書堅持調整薪餉制度，給予員工高於業界 1.5~2 倍的薪資，「開公司前首重資金，開公司後最重要的是人。」陳代書透露。調整薪餉，大幅降低人員流動，促使嘉成地政士事務所開業不到半年時間便已趨向穩定，作為領導者，陳代書凡事親力親為，積極爭取更多客戶並樂於和內部人員溝通，他笑談：「創業真的需要強勁的心理素質，現在頭髮都快白了半頭！」

以客為尊：深具服務業精神的不動產顧問夥伴

「我時常提醒事務所內的代書，我們別把地政士全然當成法律業經營，因為一般民眾對於法條的認識未如專業人士來得寬廣和深入，切勿以法條作為唯一的溝通途徑，我們需要做的是以服務業的精神，讓自己成為客戶與法條之間的一座橋樑，並且運用淺顯易懂的話語，讓客戶明白那些繁雜的法律事務。」陳代書分享。

雖然事務所的服務項目皆與法律息息相關，可在陳代書身上，並未曾給人任何法律專業可能帶來的冰冷和陌生，相反地，如同他對事務所懷抱的期許，親和、溫暖與同理在他身上展露無遺。堅持使用最接地氣的方式，為客戶解析各種不動產交易和登記的法律條文，並在良好的溝通與理解的基礎上，協助客戶解決各種問題；這種以客戶為尊的服務理念，讓嘉成地政士事務所在業界獨樹一幟。

一心一意想服務好客戶，陳代書接續談到：「目前嘉成的業務主要以不動產買賣居多，在接洽業務的過程中，我們經常接觸到非受薪階層的客戶，可能他們購屋時財力相對有限，或者較少接觸銀行房貸這部分，對於這類型的客戶我們總是積極地協助，想盡力幫忙客戶完成他們的購屋夢想。」陳代書強調，專業在身，更要有發自內心想為他人爭取和服務的心，他也提醒一般民眾，務必尋求合法、收費合理的地政士，完善評估作業後再行簽約，找到值得信賴的地政士非常重要。

秉持客戶至上的服務信念，細心聆聽每位客戶的需求，嘉成地政士事務所的服務範疇廣泛，除了協助客戶處理不動產買賣的各項事宜外，還涵蓋了繼承、贈與以及稅賦等重要領域，並且提供量身定做的解決方案，進而達成最高的服務滿意度。

圖：陳宣宇代書創辦嘉成地政士事務所，致力於專業服務，成就夢想

長遠經營之道的基石——以人為本

在創業的道路上，選擇哪一個行業領域固然重要，但陳代書認為最關鍵的其實是創業者的心態。在企業的航船上，領導者如同船長，不僅要為船指引方向，更要在風浪中保持堅定，他表示：「面對未知的挑戰和難以預料的困難，堅強的心態是一位領導者不可或缺的品質，即使壓力再大，也絕不能在團隊面前顯露出不安與擔憂的情緒，因為堅韌不拔就是領導者贏得團隊信賴的關鍵因素。」

另一方面，陳代書也十分認同「以人為本」，所謂現代企業管理核心思想的經營理念。「無論企業規模大小，人才是公司最寶貴的資產。一個企業能否長遠發展，不僅取決於其商業模式或市場策略，更重要的是它如何看待和處理與員工的關係；善待人才和同仁，意味著給予他們成長和發展的空間，聆聽他們的聲音，關心他們的福祉，並在可能的情況下提供支持和幫助，這樣的環境不僅能激發員工的潛力，更能促進團隊的向心力，從而推動企業的整體發展。」陳宣宇代書說。

結合專業服務與人文關懷，嘉成地政士事務所在新北市淡水區這片充滿人文氣息的土地上，持續為居民及外來投資者提供全方位的不動產服務。每一次服務，都是一段心與心的交流，更是一場成就夢想的旅程。

品牌核心價值

嘉成地政士事務所秉持「誠信、創新、客戶至上」之服務風格，一心協助客戶解決事務，維護客戶最大權益！擁有專業代書，專辦房屋買賣、繼承、贈與、銀行貸款、稅務規劃，提供您專業的諮詢與解析。

經營者語錄
公司的核心價值是人才，善待同仁，才更有機會壯大公司。

給讀者的話
創業初期舉步維艱，但做好準備，勇往直前，終會撥雲見日。

嘉成地政士事務所
公司地址：新北市淡水區濱海路三段 148 巷 36 號　　Facebook：嘉成地政士事務所
聯絡電話：02-7753-3968　　Instagram：@jiacheng14836
官方網站：https://www.jcland.tw　　Line：@jiacheng

圖：松林夏帶給人們的不單單只是冷氣，而是美好生活

一代開疆拓土，二代變革創新

　　創立於民國 85 年的台灣老字號冷氣品牌「松林夏 SUMMER」，過去數十年來以優秀的產品和貼心服務，在無數家庭的夏日記憶中佔有一席之地。二十八年前創辦人石信智開疆拓土，為品牌奠定堅實的根基，塑造松林夏值得信賴的企業形象。數年前他正式交棒，交由兒子石碩儒擔任總經理，引領品牌進入創新與變革的新時代。

革故鼎新，多功能家電創造美好生活新想像

　　堅持本土化與自製化的精神，松林夏最初以代工起家，民國 73 年引進日本「國際」松下分離式冷氣機，成為全台首間做分離式的企業，爾後也陸續自製 DC 直流變頻冷暖機、落地式箱型及吊隱式除濕機。為回應全球暖化議題，台灣政府積極推動節能減碳政策，松林夏也自民國 100 年起，全面生產 R410 環保冷媒空調，變頻全系列產品通過能源效率 1 級認證，每隔一段時間，松林夏就會推出更具效能和綠能的產品，多年來站穩市場領先地位。

　　接班後，石碩儒除了鞏固松林夏在冷氣空調市場的優勢，還深入洞察消費者的生活習慣與需求、拓展產品線，積極發展多功能家電產品，松林夏第一個創新居家電器「藍芽音樂款浴室暖風機」，正是對冬日洗澡寒冷與浴室濕氣兩大居家困擾的完美解答。這款暖風機的快速暖房功能，能在短短五分鐘內就讓空間更加暖和，有效改善冬季洗浴的不適感，急速乾燥技術確保洗澡後，浴室能迅速恢復乾燥，預防潮濕引發的健康疑慮。加上藍芽音樂設計，能為用戶洗浴時增添不少樂趣，讓每次洗澡都成了愉快的享受。

　　石碩儒說：「松林夏其中一個品牌理念，便是人們可以獲得更優雅且美好的生活，釋放環境造成的壓力，享受無拘無束且自在無邊界的 AI 生活。」一直以來，松林夏的空調設備品質有目共睹，在石碩儒接班前，產品主軸皆以空調為主。為了能在舊有基礎下，為消費者提供更多優質

舒適的生活體驗，石碩儒積極研發其他產品，希望更多人看見松林夏的無限可能，但最初這個想法卻未獲得父親的認可。

他表示，起初父親認為重心應放在空調上，因此研發新產品時，他也花了一些時間與父親磨合。接班前，石碩儒是個相當優秀的業務人才，他深知，說服父親開展新計劃，最有效的方法即是讓業績說話。因此他建議父親先讓他以專案形式推展浴室暖風機，看看市場對新產品的反饋，再決定是否要繼續開展其他產品。

由於現代社會節奏加快，都市人普遍更有生活壓力，加上過去幾年疫情的影響，家已不再只是傳統意義上的休憩場所，人們更希望家是一個能提供精神慰藉、身心放鬆，並滿足個性化需求的避風港。因此人們對於家電的要求和想像，已遠超出過去需求，對品質、舒適度和智能有著更高標準，在這樣的氛圍下，結合多項功能的藍芽音樂款浴室暖風機，確實獲得不少消費者的青睞，甫推出就在電商平台上斬獲佳績。這個專案也讓石碩儒逐漸獲得父親的信任，支持他繼續研發不同功能的產品，以滿足有需求的顧客。

浴室暖風機的成功同時也提升了石碩儒的信心，他堅定地說：「松林夏計劃未來會研發更多這種結合多功能性的產品，希望帶給顧客優質美好的生活體驗。」

圖：松林夏計劃開發多元化之多功能產品，希望讓消費者感受到松林夏的用心

圖：藍芽音樂款浴室暖風機
擁有多項功能，讓人們在寒
冷冬天洗澡時更加舒適

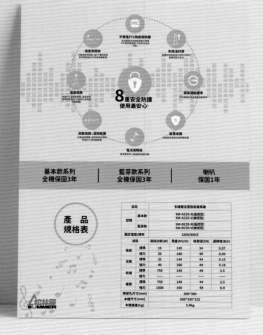

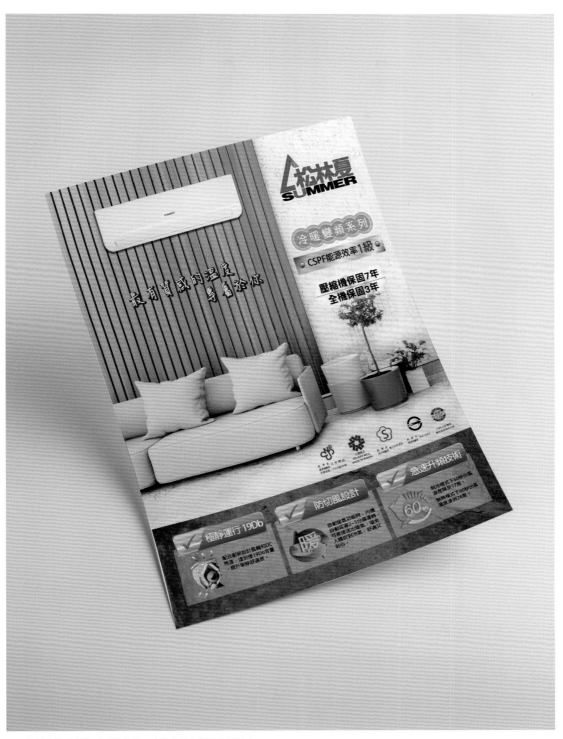

圖：創新是推動松林夏不斷前進、改進產品和服務的原動力

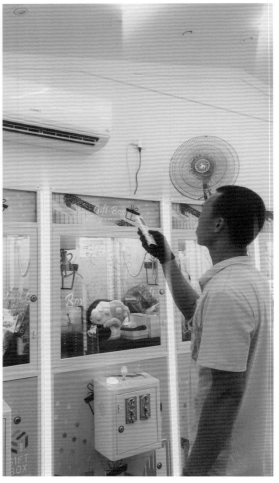

圖：優質的售後服務是松林夏備受消費者讚譽的原因之一

高智能技術冷氣產品與舒心售後服務

　　每到夏日，不少人都是「只要在家就一定會開冷氣」的重度使用者，且家中成員若分散在不同空間，每個空間也都會使用冷氣，甚至有的飼主因為不捨毛小孩在家太熱，會在出門上班前開啟冷氣，使其全天候運轉。

　　在這個電費節節高升的時代，選擇一款節能的冷氣機成了許多家庭的剛需。松林夏的全系列變頻冷氣皆通過能源效率1級認證，同時也使用環保冷媒，提供了一個既環保又省電的解決方案，有效減少使用冷氣對臭氧層的破壞；除此之外，產品還融合智能技術，如 Wi-Fi 控制和聲控功能，進一步提升用戶體驗與生活便利性。松林夏預計於今年或明年將 Wi-Fi 智能控制作為產品的標準配置，這項功能將允許用戶通過手機應用程式遠端控制家中冷氣。

　　石碩儒解釋，透過這項技術，人們可以在外出時或下班回家的路上，調節室內溫度，讓他們到家便有一個涼爽舒適的環境，同時也能有效減少因外出，忘記關閉空調而造成的電力浪費。隨著消費者對於智能家電的需求不斷上升，這項功能預期將會受到用戶的熱烈歡迎。

　　除了不斷在產品面創新精進，石碩儒也深知良好的顧客服務是打造優質品牌不可獲缺的一環，尤其在酷熱的夏季，若家中冷氣故障，人們可能會極其不便與煩躁。因此松林夏精心設計省心的報修流程，極具效率地解決消費者冷氣維修問題。石碩儒說：「得益於松林夏在全台服務據點布局以及與合作夥伴的緊密協作，我們會在三個工作日完成報修案件處理，希望能高效解決顧客的問題。」同時松林夏也相當重視售後客戶關懷，每一個維修案件完成後，公司都會進行後續關懷訪問，以確保客戶擁有高滿意度，並即時解決任何潛在問題。

家電市場競爭白熱化，二代接班面對內外部挑戰

家電市場競爭日益白熱化，即便有著高度聲譽的松林夏，也感受到市場變化帶來的巨大壓力。消費者對於智能化和高科技家電的渴求不斷攀升，催生無數創新技術和新興產品，從而將市場推向一個高度飽和及快速迭代的狀態。

在這樣的環境，即使是老品牌也必須不斷自我革新，以滿足日新月異的消費者需求，並在技術更新換代的潮流中保持競爭力。石碩儒指出，家電市場的競爭壓力極大，特別是在價格，過去松林夏也曾一度外銷歐美，但隨著中國品牌崛起打價格戰，讓他們不得不放棄歐美市場。面對這一挑戰，石碩儒認為，松林夏應該更加注重提升產品質量與開發多功能產品，依靠品牌優勢來吸引消費者，而不僅僅是價格競爭，「我們未來希望開發更多種多功能產品，希望讓消費者感受到松林夏的用心，贏得他們對產品的信賴與喜愛。」

二代接班最理想的方式是循序漸進，讓接班者能階段性掌握經營訣竅，按部就班，最終成為企業領導人，最初石碩儒在松林夏是從業務做起，花了幾年的時間，再做到副總經理，最終才成為領導人。這段時間裡，他也觀察到公司有內部整頓和改革的必要，其中包括更新溝通系統，從傳統口頭溝通轉向電子化任務模式，以促進更有效的部門間協作。他坦言，在內部整頓過程中，確實存在與既有員工的磨合問題，也一度影響業績，但隨著招募志同道合的員工，並培訓更多願意接受公司理念的新員工，這波營運上的「亂流」很快就回歸平靜，並在疫情較嚴峻的三年中，業績年年持續上揚。

石碩儒回憶：「由於父親個性相當嚴肅，不太會直接肯定和鼓勵，當他願意給予我更多責任和空間，我想這就是他表達對我表現認可的方式吧！」談到二代接班者面對壓力，內心如何自我調適時，石碩儒表示：「一代期待二代承擔起重任，但也會擔心二代可能走偏離正確的道路。因此，我能理解有時父親會採取保護措施，以確保我不會偏離正軌。」

「松林夏賣的不是冷氣，而是美好生活。」這一理念不僅是松林夏成功的秘密，也是石碩儒耳濡目染所領悟到的經營關鍵。松林夏所提供的，遠超過冷氣與家電本身，更是一種舒適的生活方式，這也是石碩儒希望未來能繼續傳遞給每一位消費者，讓「家之所在」也成「心之所在」。

圖：近年來松林夏透過推出創新的電器產品和不斷改善其服務，成功促進銷售量增長

給讀者的話

藉由這些經驗，讓迷惘的你有些方向，也更瞭解台灣本土的堅持，節能和環保是我們設計和推薦產品時考慮的關鍵因素，因為我們關心地球與你的未來。

品牌核心價值

智能，創新，舒適，健康，服務為基礎，創領智慧生活，培養優秀人才，以保護愛護為主，滿載綠色動能給予地球。

經營者語錄

創新是推動我們前進的動力，不斷改進我們的產品和服務，以滿足市場的變化和顧客的需求。

松林夏 SUMMER

公司地址：新北市新莊區瓊林南路 187 巷 29 號　　Facebook：松林夏冷氣

官方網站：summerair.com.tw　　　　　　　　　Instagram：@summeraircon

圖：烘焙品牌「Yes Bake」品牌主理人黃思幨

意外車禍，開展人生新契機

「如果生命給你檸檬，那麼就做成檸檬汁吧！」台南女孩黃思幨因家庭變故，15 歲就踏入職場為生活奔波，為了能養活自己，她努力節省開支，嘗試不同工作，半工半讀下總算完成學業。直到一場突如其來的車禍，讓她開始反思人生，也一改過去怨天尤人的心態，以一抹燦爛的微笑來面對生活的艱難。這一路的跌宕起伏，成了她創立烘焙品牌「Yes Bake」的最佳養分。

勇敢說「Yes」，以正能量面對各種挑戰

思幨曾渴望投身美業，因此工作之餘她努力進修，取得了泌乳師和美甲師證照，但命運卻戲劇性地改寫了她的軌跡。一場惡夢般的車禍使她經歷三次手術，自此不能久坐或久站，只好忍痛放棄過往的努力。談起那段車禍，思幨已不見當時的陰霾，反而充滿陽光般的正能量，她說：「一開始我也會埋怨，覺得為什麼是我發生這種事，但有一天我看著天花板，我想，面對生命的脆弱與無常，為什麼我不去做我所熱愛的事呢？」

思幨過去曾在飯店工作，有中西式餐飲和烘焙的經歷，也成為上班族將近七年的時間，後來車禍成了追尋夢想的轉機；她決定告別朝九晚五的工作、改變工作型態，一邊做行銷相關的自由職業工作，一邊投入烘焙創業，大膽跳出她過去從未想過的舒適圈。

將品牌取名為「Yes Bake」，可謂是思幨對自己和他人的鼓勵。她說：「過去我的個性比較陰暗悲觀，取名為 Yes Bake 就是希望鼓勵大家，同時提醒自己，無論遇到任何事，都要堅信自己能克服一切困難，並向自己肯定地說聲『Yes!』。」

圖：Yes Bake 的每款甜點不只滿足味蕾也相當健康，給予人們輕盈無負擔的美味

圖：Yes Bake 拒絕人工香精和過量糖分，以天然食材征服甜點愛好者的心

兼具美味與健康，打造輕盈無負擔的甜點饗宴

　　Yes Bake 一開始僅販售餅乾，隨著時間推進，產品陸續新增巴斯克、瑪德蓮、堅果塔以及松露巧克力等多種選擇。每款甜點都以健康、天然為主要理念，拒絕人工香精和過量糖分，採用新鮮在地水果、純正蜂蜜、小農茶粉等天然原料，為顧客帶來純粹且健康的美味享受。思幔對產品的研發富有熱情和堅持，她不斷地調整配方，尋求口味上的完美平衡。在這個過程中，她不僅邀請朋友試吃給予意見，甚至利用網路平台，讓不同背景的網友試吃，從中獲得更加真實的反饋。

　　現代人重視健康飲食，普遍不喜歡太甜膩的口味，思幔認為高品質和純天然的原料是決定甜點品質的關鍵，尤其家人與朋友也都會吃 Yes Bake 甜點，因此食材選擇更需格外用心，並且也會減少糖分來降低甜度，守護大家的健康。她笑說：「Yes Bake 為了兼顧健康和美味，研發瑪德蓮時，我和男友就吃了超過 100 顆，這讓男友忍不住開口求饒。」

　　在當今「相機先食」的網路流行文化中，甜點外觀至關重要。許多品牌為了讓甜點色彩鮮艷，常常會添加人工色素；然而，Yes Bake 仍堅持初心，在今年推出的新品項——杯子蛋糕，思幔仍堅持使用天然的蝶豆花粉和果醬。另外，近期食安相關新聞頻傳，使得消費者對食品安全越來越關注，思幔亦格外小心，她說：「我認為每個從事烘培創業的人一定要重視原料安全和產品運輸的各個環節，並達到台灣食安法的要求。」因此在 Yes Bake 開賣前，思幔就已完成食藥署的非登不可平台取得食品業者登錄字號並購買相關保險，這不僅保障了消費者的權益，也提升品牌信譽和消費者的信任度。

烘焙創業建議：斜槓經營，降低創業風險

　　僅僅創業一年，Yes Bake 就累積許多忠實顧客，也有不少人會透過社群媒體私訊詢問烘焙創業的問題。對於想嘗試烘焙創業的人，思幪保持相當正面的態度，她認為，成立烘焙工作室的資金需求相對低廉，尤其若是將地點選擇於自宅，或使用家用烤箱試做，對於創業者不會造成沉重的經濟負擔，「我認為初期不需要急於投入大量資金購置昂貴設備，可先添購基礎設備，並嘗試做你喜愛的甜點項目，我覺得這個特別重要，如果你沒有興趣，可能連做的動力都沒有。」除此之外，除了產品是否美味，更重要的是嚴格遵守衛生規範，保持工作環境清潔並確保使用的食材新鮮無污染，才能保障消費者的食用安全。

圖：Yes Bake 的包裝設計簡潔而高雅，體現出品牌的簡約美學，是節慶送禮的完美選擇

　　此外，思幘認為使用社群媒體推廣也相當重要，因為這不僅是一個成本低廉的行銷工具，同時也讓創業者可以即時分享他們的創業歷程、產品研發，並搭建與顧客之間的溝通橋梁。她開朗地說：「我認為創業就是不要害怕失敗。因為失敗非常正常，沒有人一開始就馬上成功，像是研發產品過程中的失敗或是遇到的各種困難點，其實都是讓你成功的養分。」同時，她也建議創業者可以先從斜槓創業開始，逐步擴展業務，直到產品和市場反饋穩定後再全職投入，以降低創業風險。

　　揮別過去的陰霾，思幘以甜點烘培療癒自己，也撫慰了眾多甜點愛好者的味蕾，儘管創業並非易事，她仍想鼓勵大家，在有限的生命中，勇敢活出屬於自己的精彩人生。「如果我可以，我相信你一定也可以。」思幘說道。

品牌核心價值
面對生活中的任何挑戰，堅信自己的能力，並且適時鼓勵自己，勇於對自己說聲「Yes」。

經營者語錄
不要放棄努力，也不要害怕失敗，即使失敗也無妨，一定會找到一個能繼續的方法。

給讀者的話
烘焙創業不需龐大資金，只要有想法就能嘗試。只要好好規劃，不畏失敗，踏實走好每一步，相信就會有好的開始。

Yes Bake
Instagram：@yes_bake_
Facebook：yes_bake_
Line：@376hdlpl

圖：Cozy 可居設計所體現的是對於生活細節的關愛，以及對每位屋主需求的尊重及呵護

打造舒適居家的室內設計大師

　　現代人生活多姿多彩，在如此快節奏的步調上，「家」對於人們而言不再只是一個滿足基本居住功能的空間，而是必須能夠舒緩疲憊、回歸寧靜的美好歸屬，因此，尋求專業的室內設計師成為現代人在購屋後的普遍選擇。以台中市為據點，服務範圍觸及新竹、苗栗、台中和彰化一帶的 Cozy 可居設計，透過設計師敏銳的觀察與細膩的規劃，以整合式的室內設計概念，與屋主建立具有深度的溝通和理解，打造出一個令人心曠神怡的家，並在細節之處體現出舒適的居家美學，讓每一個角落都彷彿在訴說主人獨特的故事。

非本科出身的跨界淬煉之旅

　　「我們的品牌理念，就是為人們『創造舒適的生活空間』。」Cozy 可居設計創辦人蔡佑庭說。聊起自身專業，佑庭微笑表示自己其實畢業自東吳大學中文系，原本與室內設計領域毫無交集，會大幅度地跨界則與他早期的工作經驗密切相關。

　　回溯八年前，佑庭在一間新創窗簾公司開始了他與居家產業的初次邂逅。當「軟裝設計」這個名詞尚未流行起來，佑庭任職的公司已開始積極規劃相關業務；兩年後，配合調職台中，公司轉型為線上服務，不久佑庭便轉投系統櫃公司和室內設計公司。累積了窗簾、系統櫃、室內設計等多元的業界經驗，佑庭決定將其精心整合，並且投入接案工作，期望為人們打造舒適又溫馨的生活空間。

　　六年的接案歲月裡，佑庭經歷了窗簾、地板、系統家具以及訂製家具等規劃經驗，有足夠的專業知識分析屋主的空間需求，並於 2023 年 4 月成立了 Cozy 可居設計，堅定地走在熱愛居家美學和追求生活品質的道路上。對於從公司工作到自行接案、創業的轉變，他提到：「當自己成為承接、負責工作的主要角色時，必須能夠在當下快速解決客戶的問題，個人心態的調整和能力的培養極為重要。」

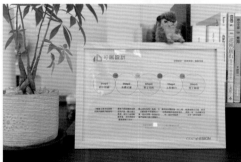

圖：蔡佑庭帶領 Cozy 可居設計服務許多首購族，以實惠的預算為居家空間達到最佳的規劃效果

圖：Cozy 可居設計以貼近客戶需求的有效溝通為基礎，陪伴每一位擁有夢想的屋主幸福成家。圖為湖口彭宅完工攝影

將生活融入室內，讓設計成就幸福

　　台灣的室內設計品牌眾多，然而，促使 Cozy 可居設計從中脫穎而出的主要因素，在於佑庭秉持與屋主建立深厚的溝通和理解。「在窗簾公司的工作經驗，培養了我對於詢問客戶生活習慣、空間配置等問題的敏感度，因此，我將這相同的概念和模式應用於室內設計，早在設計的初期就展開與客戶生活習慣的深入瞭解。」佑庭強調。

　　注重細節，從裝潢、系統櫃家具、窗簾到地板等每一個元素，Cozy 可居設計皆與屋主從用心而充分的溝通中建立共識，讓其所設計出來的居家環境，能夠完全與屋主的生活型態相互融合，同時在有效的討論當中進行項目的修改或刪減，為客戶爭取最高 CP 值的預算空間。

　　眾多尋求 Cozy 可居設計協助的屋主中，主要以年輕首購族為主，年齡層多落在 30~40 歲之間，服務範圍橫跨新竹、苗栗、台中、彰化等地。佑庭進一步分享：「舉例來說，竹科工程師許多都需要輪值夜班，因此我會通過這樣的生活習慣了解他們的需求，為他們選擇最適合的空間配置，例如，挑選白天能夠遮光的窗簾，如此一來他們就能在下班後獲得最佳的休息。」Cozy 一詞背後，正是可居設計對於人與環境和諧感的謹慎追求，期盼以最完整的規劃，致力於為居住者打造最舒適的生活空間。

圖：未來 Cozy 可居設計將推出「成家專案」，透過不同的生活習慣和情境設定，為客戶打造符合需求的完美住家。圖為大里胡宅完工攝影

創業從一股衝動開始，由謹守初心延續

　　Cozy 可居設計所體現的是一種對於生活細節的關愛，以及對每位屋主需求的尊重及呵護，透過這份堅持，他們在業界贏得了口碑和信任，為每個家庭帶來了無比的舒適與溫馨。談起創業，佑庭再次笑著說：「創業是一股衝動，許多時候當下沒踏出步伐去實現，未來或許也不會有這份決心。」

　　作為大學時期中文系的刊物總編，佑庭應學弟妹的尋求，近日回到了系上分享刊物的規劃、策略之擬定以及刊物的製作等主題，期間佑庭發現，年紀尚輕的他們對這個社會感到一片茫然，於是他給予了一些建議，在此也能作為給予所有創業者的鼓勵。佑庭真誠分享：「有任何想法就去嘗試，若失敗就想辦法解決問題，並且守住自己的核心價值。」

　　讓初衷陪伴迷茫的自己走下去，是佑庭一路走來所收穫到的心路歷程，所有看似迷茫的時刻，其實都是成長的轉折點，無論面對多大的挑戰，只要努力堅持下去，終能克服一切。如同 Cozy 可居設計的成功——不僅是一個品牌的崛起，更是佑庭對夢想不懈追求的見證，他的故事也告訴我們，只要堅持初衷，勇於闖蕩，就能夠迎向屬於自己的嶄新未來。

品牌核心價值

Cozy 可居設計以台中市為據點，服務範圍觸及新竹、苗栗、台中和彰化一帶，藉由整合式的室內設計概念，與屋主建立具有深度的溝通和理解，打造出一個令人心曠神怡的家，並在細節之處盡顯舒適的居家美學。

Cozy 可居設計

公司地址：台中市潭子區祥和路 133 巷 66 號

聯絡電話：0911-753-726

Facebook：Cozy 可居設計｜系統傢俱｜窗簾地板

Instagram：@cozysd0713

圖：YUI Collection 運用多年累積的經驗，用心在海量商品中挖掘出品質佳且小資族也能輕鬆負擔的服裝

兼具品質及 CP 值，擁有美好事物無負擔

　　追求美好的事物，是人人心之所向。尤其服飾上，許多女性總覺得衣櫃裡少了一件能展現自己獨特風格的完美單品，但在物價不斷上漲的時代，追求時尚似乎變成一種奢侈。服飾品牌「YUI Collection」品牌主理人溜溜深深了解這種渴望與現實的拉扯，2016 年，丈夫大力鼓勵她利用自己對服飾的熱愛和天賦，共同創業實踐夢想，為更多女性提供兼具高品質及 CP 值的服飾，讓愛美的女性皆能輕鬆入手自己喜愛的單品。

精挑細選，平價服飾也有輕奢氛圍

　　溜溜從國中開始就不停打工，積累不少工作經驗。她深深體會到工作賺錢的不易，也曾在櫥窗中看見美麗的服飾，但高價卻只能讓她無奈嘆息。因此，當她決定創業時，就希望能提供「單價低，CP 值高」的服飾與配件，讓女孩能以合理價格穿搭出質感。

　　服飾業對溜溜而言就是「本命行業」，她熱愛服飾業的一切，從細膩的面料選擇到版型設計，以及根據顧客風格提供客製化穿搭建議，這些都讓她即使從業多年，都未曾對工作感到厭倦。她笑說：「就像有些人逛街時會特別喜愛飾品，以我而言，摸到特殊布料或材質，就是有某種強大吸引力，令我愛不釋手。」品牌創立後，她積極從韓國、台灣和中國選品，以多年深耕服飾領域的經驗，為顧客把關品質，每季提供令人眼目一新的產品。

　　相較於動輒數千元的外套和上千元的衣服，不少人認為平價的服飾就是無法和高價位相比。但事實可不是如此，溜溜認為只要用心在海量商品中選品，並運用多年累積的經驗，便能挖掘出品質佳且小資族也能輕鬆負擔的服裝。

圖：溜溜卓越的審美品味讓學生族與小資女不需花大錢，就能擁有質感穿搭

圖：YUI Collection 計畫今年在台北開設實體店面，讓顧客可以近距離感受每件衣服的細節

線上到線下，積極打造優質的消費體驗

　　除了提供優質商品，從電商起家的 YUI Collection 近年來也不停思考，如何隔著螢幕，讓消費者擁有更好的消費體驗。因此，提供完善透明的產品資訊就成了品牌成功的關鍵因素，她認為電商最大的挑戰在於消費者無法直接接觸商品，因此詳盡的產品描述、高質量的圖片甚至影片，都能為顧客提供更好的購物感受。

　　然而，溜溜也明白，再完善的產品資訊也比不上實體接觸，因此從去年開始 YUI Collection 就積極計畫走向實體，透過展售會或快閃店的形式，讓顧客現場試穿。溜溜表示，即使開設實體店會有更多支出，但也不會因此提高商品售價，她提醒自己保持初衷，讓 YUI Collection 能陪伴更多女孩，不需要花大錢，就能擁有符合心意且豐富的穿搭。

圖：YUI Collection 每件選品都巧妙地融入當季流行元素，同時保留品牌獨特的風格與理念

看似美好的背後，電商創業的種種挑戰

　　從 2016 年創業至今，YUI Collection 在社群媒體上已積累數萬粉絲，但電商創業是否真如外界想像的美好呢？溜溜坦言「人人有機會，各個沒把握」就是電商創業的真實寫照。尤其在疫情過後，社交媒體平台觸及率雪崩式下滑，除了繼續投放廣告，不少品牌不得不適應趨勢變化，積極尋找新的行銷管道。再者，收入穩定性也是創業者的一大挑戰，尤其在服飾業，一旦賺到錢就要投資採買下一批商品或作為行銷廣告預算；且 YUI Collection 的預購制會先為顧客付款，顧客再以貨到付款的方式購買商品，往往會耗時兩個月才有「真正」收益。她苦笑地說：「關於服飾創業，我總說錢一直在路上，但從未進真正進到我的戶頭中。」

　　儘管溜溜熱愛服飾與穿搭，但背後的辛勞卻是大眾難以想像的。過去她曾向知名廠商訂製衣服，卻遲遲等不到交貨，一催再催之下廠商才慢悠悠地告知：「因為沒有找到布料，所以無法做。」讓當時在機場候機的她難過落淚。令她感到挫折的不止於此，她也曾遇到廠商刻意欺瞞，讓她不得不承擔所有相關損失，溜溜說：「當經營存在相當壓力、市場波動和消費者需求不斷變化，擁有高心理素質和應對能力的創業者，才有機會存活下來。」如果說資金是創業者的硬件，那麼心理素質即是最不可或缺的軟實力。溜溜認為，只有真正愛其所愛，以及不斷的改革努力進步，才有可能在遇到挑戰時勇敢迎向前，並且堅定不移地相信自己。

　　除了 YUI Collection，溜溜深知電商產業的發展有其限制性，因此近年來她也不斷探索新領域、開發新項目。她說：「我一直相當居安思危，無法浪費時間停在原地，因此我希望能在有限的時間內盡可能多嘗試，拓展業務版圖。」詢問溜溜，如果真的到了某一天，其他項目做得更加出色時，會考慮放棄 YUI Collection 嗎？她堅定地說：「這就像是我的第一個寶寶，從摸索到磨合都給了我相當寶貴的經歷。所以，只要還能夠堅持下去，我都不會輕言放棄。」

　　八年的時光，YUI Collection 的服飾陪伴不少女孩經歷許多重要時刻，走過各種不同生命階段。服飾不只是日常需求，更像是承載人們回憶重要的物件，溜溜期待未來當實體店面開幕時，能更近距離服務每個到訪的好朋友。

品牌核心價值
擁抱純粹，莫忘初衷。

經營者語錄
認真專注於一件事，時間會給你所有解釋。

給讀者的話
「當機立斷，不斷則亂」如果花太多時間去想創業這件事，那你就永遠沒辦法完成這件事。

YUI Collection
Facebook：Rêver / Yui 買買買剁手小團體
Instagram：@rever2016insta
官方網站：yuicollection.tw

Mini Lighters
親子生活選品

圖：Mini Lighters 希望能將更多的愛與正面能量傳遞到人們手中，一起照亮這個世界

為愛而生，紀念母親的溫暖

當至親離世，往往會在心中留下巨大空缺，如何走出幽谷重見光明，每個人歷程不盡相同。母嬰電商品牌「Mini Lighters」品牌主理人 Carol 談起創業契機，即是在 2021 年喜迎雙胞胎之際，摯愛的母親卻猝然離世，讓她長時間都沈浸於悲傷中。因為丈夫的鼓勵，Carol 悲傷的情緒逐漸緩解，也重拾新力量，她想起過去母親總會稱讚她選物的好眼光，因此決心將悲傷轉化為分享母親美好特質的正能量，投入母嬰用品領域，讓母親繼續以不同的形式陪伴左右。

手持燭光驅散黑暗，照亮世界各角落

在 Carol 和其好友心中，母親是個充滿愛與溫暖的女性，她的為人處世在朋友圈中留下不少難以磨滅的印象。多年前 Carol 母親在得知女兒好友的媽媽確診癌症後，二話不說，便立刻購買營養品到醫院探望，為病者加油打氣，因此當朋友們得知 Carol 母親離世時，都相當不捨。

Carol 分享道：「多年來，我經常說想要創業，但從未想到最終推動我邁出這一步的，竟是因為母親離世後，她帶給我的動力與勇氣。因此我想要創建的，不僅只是電商品牌，更是一個能讓我的孩子感受外婆精神的空間。」取名為 Mini Lighters，即是期許品牌能分享母親的溫暖信念，也影響更多人成為宛如燭光般的存在，驅散生活中的黑暗、帶來更多光亮。即使身為創業者，Carol 並不將自己視為傳統定義上的老闆娘，她期待透過這個平台連結更多正在備孕或育嬰的母親，分享彼此育兒路上的心情與發現，也成為彼此的堅強後盾。

品牌 LOGO 設計富含深意，一位母親擁抱她的寶寶，其頭髮如藍色河流，手臂環繞如綠色大山，孕育出一朵美麗的小紅花，由於 Carol 母親相當喜愛紅花，因此紅花即成了形塑品牌重點的靈魂要素。Carol 說：「紅花同時也象徵孩子手中的小燭光，期許每個人都能 be a lighter，照亮這個世界。」

圖：品牌小卡上孩子手持宛如燭光的小紅花，傳遞著 Mini Lighters 創辦人 Carol 和其母親對於世界的美好想像，也期盼將這股正能量分享給每個人

「選品」即是選擇充滿愛與能量的正面事物

在眾多的母嬰選品品牌中，Mini Lighters 從產品文案、顧客服務到行銷策略的每一環節，都展現出難以比擬的溫度，這項特質也可從 Carol 與歐美品牌聯繫時，看出一絲端倪。部分歐美小眾品牌創辦人同時也是設計師，因此在選品時，她不僅注重產品設計、美感和材質，也相當重視設計師的個性及生活故事。「我相信，當人們收到東西感到快樂和滿足時，有部分原因是物品本身的正面能量被傳遞到人們手中。所以當我和不同品牌創辦人聊天，不只是談服裝設計、材質或製程，也會聊彼此的家庭和孩子，這種深入的交流，幫助我挑選到真正充滿愛與正能量的品牌，分享給台灣顧客。」Carol 說明。

此外在台灣不少孩子都有異位性皮膚炎，Carol 的孩子也不例外，異膚寶寶由於皮膚障壁缺損，對溫度濕度變化都格外敏感，若是選錯材質更容易引起皮膚敏感和刺激。因此 Mini Lighters 對衣服材質特別嚴格謹慎，以有機棉和極其珍貴的匹馬棉作為選品標準，力求為每個小朋友提供最舒適、最安心的穿著體驗。

小眾的歐美童裝品牌在台灣鮮為人知，因為 Mini Lighters 的推薦，開始讓這些品牌有了能見度，不少消費者幾次購買後，也愈加信任 Carol 的好眼光，讓 Carol 獲得不小的成就感。但她也坦言，由於衣服單價相對較高，且 Mini Lighters 全部商品都是現貨制，第一年創業時就感受到不小的金流壓力。一度 Carol 也曾想過放棄，但丈夫仍舊鼓勵她：「如果做這件事情會讓你開心或有成就感，那麼你應該繼續做下去，而且創立這個品牌也是為了媽媽，你更應該繼續堅持。」

圖：從材質到設計，Mini Lighters 嚴選美好事物，給予初到世界的小朋友更多溫暖

圖：Mini Lighters 專注於精選歐美童裝品牌，為消費者帶來高品質、創新設計的服飾

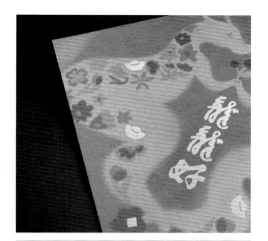

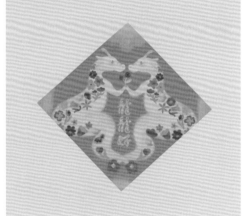

圖：龍年之際，Mini Lighters 選用橘紅色和手工燙金，
設計龍龍好春聯，祝願每位顧客來年也能金光閃閃

認清自我侷限，勇敢提問

目前 Carol 仍有正職工作，她坦言第一年一邊工作創業，一邊育兒，生活品質並不佳，工作到半夜成了生活常態，她相當感謝丈夫能夠「一打二」，扛起育兒重任，給予她時間完成創業夢想。即使創業過程中面臨不少挑戰，她仍抱持學習熱忱，「初期難免一人身兼多職，無論是客服、行銷、採購和出貨，都需要獨立完成。因此當碰到不熟悉的事物時，我會認清自己的局限，廣泛地尋求幫助。」不僅是詢問親友，Carol 有時也能從同業友人獲得寶貴建議，與同業建立起良好的關係與默契。面對種種挑戰與挫折時，她也強調心理建設的重要性：「你必須保持積極，勇敢提出自己的問題，也要相信不論碰到什麼狀況，總會有解決問題的方法。」

儘管母親的驟逝曾為 Carol 與家人帶來巨大悲傷，但在悲傷的土壤中，愛的種子也正悄然扎根，開出一朵朵希望之花。展望未來，她期待能將品牌從線上拓展至線下，特別是在新北市林口開設實體店面，創造一個親子共享空間，透過舉辦各式各樣的活動，如昆蟲課程或科學實驗，促進親子互動，也讓更多人體驗到 Mini Lighters 所傳遞的美好信念。

給讀者的話
創業不用太厲害，每個創業者也都是創業新手起步的，沒有人是很懂創業才開始的，你只需要把自己當成是海綿，認清自己是創業新手，世界很大，遇到問題時提醒自己，世界總有個角落有解決辦法，不斷調整自己的心態，你就會變成你所屬行業的老手。

經營者語錄
不要只想做個成功的人，做個有影響力的人吧！

品牌核心價值
分享愛，做這個世界的點光者、成為別人的小燭光，成為你育兒及日常上的好朋友。

Mini Lighters 親子生活選品

Facebook：Mini Lighters_tw

Instagram：@minilighters_tw

官方網站：minilighters.co

圖：高度誠信且充滿溫度的服務讓丹丹結交到不少好友

精品代購，一解你的求包若渴

　　有錢就能買到愛馬仕 Hermès 包包嗎？不！並不是那麼簡單。在精品世界中，就屬愛馬仕將飢餓行銷玩得最出神入化，因此能穩定拿到愛馬仕包包的人在代購領域可謂是鳳毛麟角。身為資深精品代購的丹丹於多年前與愛馬仕結下不解之緣，自創業以來，他經歷無數挑戰也因此付出高昂「學費」，而這卻從未磨損他的熱情，他從一次次靠櫃經驗中，逐漸摸索出一套成功秘訣，成為不少政商名流和明星的最佳精品代購及形象顧問。

以人為本，別具溫度的專屬顧客服務

　　愛馬仕在精品時尚界中一直有著獨特吸引力，有些人甚至認為報酬率更勝黃金和股票。儘管具有高知名度，丹丹卻認為愛馬仕是個相當低調的品牌，比起與明星網紅合作，它更希望人們看見其精湛的工藝技術，進而理解品牌價值。或許因為丹丹的個性也相當低調，因此自踏入精品領域，比起其他品牌，他對愛馬仕更是情有獨鍾，不畏業內潛規則配貨制度和限購條件，他投資難以想像的金錢、精力與時間，只為了買到一件件極度稀缺的包包。

　　由於精品價格高昂、真假難辨，且一次購買下來往往動輒數百萬，丹丹膽大心細的人格特質讓他格外令人信賴。每次購買時，從靠櫃、與銷售互動、結帳、物流運送，他都戰戰兢兢謹慎以待。不僅如此，交易不是買賣後即止，愛馬仕包包是終身付費保固，延續品牌精神，若是顧客有任何需求，如送櫃上維修，他也相當樂意協助。

　　眾所周知精品產業的「水很深」，精品消費和代購的爭議也時有所聞。儘管品牌限制購買數量，但丹丹仍堅持親自購買。他嚴肅地說：「許多商品皆為手工縫製，需要時間更需要等待，進

而分配到全球的分店。無法提供明確的到貨時間，櫃上仍有許多人在排隊，好的東西值得等待，堅持親自購買是對顧客與商品負責，也是我的初衷。每個人付出這份錢，買了一個包包，都是辛苦努力打拚賺來的，我非常重視這份情感，因此回報給顧客的是對於商品品質的把關與客製化的服務。」

不從專櫃以外的地方獲得貨源，是鴻富工作室一路走來的堅持，嚴謹的丹丹還聘請律師擔保商品的真實性。他說：「有些人以為聘請律師是為了處理和顧客的爭議，但其實並非如此，在我和律師的合約中示明：如果我販賣任何贗品，他就不會為我辯護或是處理任何事，直接終止合約。」丹丹以此來保障顧客在鴻富工作室購買到的商品，絕對是正品。

除了百分之百確保商品的真實性，鴻富工作室的服務也充滿溫度，超過一定金額的商品，丹丹會親自交給顧客，他說：「每件商品背後都有它獨特的意義或是購買時的小故事，我很喜歡透過面交來和顧客分享這個包包的故事，讓這包增加了溫度。」

從事代購以來，台灣和日本都累積了不少丹丹的忠誠顧客，且不乏政商名流、明星來諮詢並尋求他的建議。每次人們詢問時，他都會旁敲側擊了解購買者的用途，若是需要參加特別的宴會或場合，他會根據多年累積的專業和經驗，教導如何搭配，並且分享每項配件背後的故事，讓佩戴者在宴會時能優雅地回應可能被詢問到的相關問題。

圖：丹丹的足跡踏遍歐洲、日本與韓國，每趟出行都謹慎以對，期待給予顧客物超所值的服務

圖：高稀缺性的愛馬仕和香奈兒是不少女性心中的夢幻精品

圖：從代購到售後服務，
鴻富工作室的每個服務
環節都相當細膩貼心

正面樂觀，多年「馬場歷險」收穫完美履歷

　　不少人都覺得代購工作相當光鮮亮麗且能到處旅行，因而對其倍感羨慕，但從事精品代購若沒有良好的心理素質，往往很快就會以失敗收場。丹丹坦言，每次踏入專櫃其實都充滿未知，即使做足了準備，也無法確定是否能購買到心儀的商品，這種不確定性和失望感，讓他創業初期花了一些時間調適。他舉例，「過去我曾在日本精品專櫃配貨高達 40 萬，銷售也承諾會賣給我一個菜籃子，但最後他並沒有實現承諾。」隨著時間的推移，儘管類似的事情逐漸減少，但更重要的是，丹丹也學會以隨緣的態度面對創業時的挫折。

　　該踩的坑沒少踩，該繳的學費即使再心痛也咬著牙刷下信用卡，憑藉對服務顧客的責任感和對代購的熱情，丹丹總勉勵自己用正面積極的態度去面對挫折。他說：「愛馬仕在許多人心中就是難以取代的品牌，因此它不會跌價，我戲稱它為『救命包』，當金流很緊繃，感覺似乎要撐不下去時，老天爺就會給我一個好的包，只要賣掉這個包包，這個難關也就過去了，彷彿在告訴我精品代購雖然艱辛，但還是要秉持初心堅持下去！」

圖：鴻富工作室極度重視顧客的消費體驗，也是貴賓心中獨特的「解憂雜貨舖」

關關難過關關過，丹丹過往的所有消費，在數年後也成了他每次靠櫃的絕佳「履歷表」。他表示，當一個包包很多人在競爭時，過去的消費記錄就決定你是否能買到這件自己心儀的商品，因此現在他也越來越有資格被安排購買許願的包款。

從事代購多年，他與不少顧客也成了好友，形成深厚的情感紐帶，見證彼此的成長與變化。他笑著說：「不少人看著我從精品小白成為專業代購，有點像媽媽看小孩成功的感覺；對我來說，我也看著她們成家立業，彼此在生活中陪伴著。對於這些一路走來多年支持我的忠實貴賓，我心裡充滿感恩，因此只要有任何好東西，像是日本的限量熱門禮盒，我都會想到她們並主動分享。」

儘管很多人認為代購已不如以往具有盈利空間，但同時仍有不少人躍躍欲試。丹丹建議，想踏入這個產業，需確定自己想銷售的產品是什麼類別，商品是自己喜歡的、有熱情的才能長久，接著尋找自己喜愛的代購前輩們學習，觀察商業模式，之後再逐步建立自己的選品原則和服務取向。他表示：「即使最初顧客人數不多也無妨，服務好小規模的客戶，就能為進一步拓展業務打下基礎。我想，除了產品定價策略，把服務做好更是創業能否成功的重要因素之一。」

詢問丹丹是否已為創業設定下一個階段的目標，他開朗地說：「我給自己的目標是 50 歲退休，退休後就會從事公益相關的事吧！」相信屆時這個擁有豐富「馬場歷險記」的精品代購，將會以他獨特的熱情和智慧，繼續影響更多人的生活。

品牌核心價值
買賣不是結束，成交後才是開始。以人為本，別具溫度的專屬顧客服務。當您專屬的購物顧問，也是您生活中默默陪伴您的解憂雜貨舖。

經營者語錄
專注本業，善心善念，行得端坐得正才能永續經營。

給讀者的話
上天會透過許多安排讓創業這條路更精采，有的平坦、有的崎嶇、有坎坷也有寬敞，練習用樂觀的心、開放的態度面對每件事，很多事沒有你想的那麼糟糕，關鍵在於用什麼角度去看待它。人生很短，不管是創業還是有其他的夢想，都要勇敢追夢。

鴻富工作室
Facebook：Rambling 日韓代購 & 連線 歐洲精品代購
Instagram：@dandan__ho

圖：親切又貼心的態度讓綱田繡成為全亞洲電繡的創意領航者／邱創煒攝影

全亞洲唯一進駐百貨之客製化電繡專櫃

　　每個人都希望找到一些能夠讓生活更有溫度的方式，比如：在平凡的物件上刻畫下屬於自我的標記，電繡或許就是其中一種。在眾多電繡品牌之中，綱田繡可謂十分耀眼，作為全亞洲唯一一家進駐百貨專櫃的客製化電繡服務品牌，運用多種品質優異的繡線，以現代科技搭配技藝深妙的繡法，瀟灑地在布料上來回穿梭著，為每位客戶與他們的夢想或者興趣拉近距離，交織出一段獨屬於自己的美好故事，更繡出與眾不同的生活品味新態度。

小眾品牌大挑戰：一場理想與現實擦出的火花

　　「我們繡的不是圖文，而是夢想。」綱田繡創辦人崔韓實先生言簡意賅，既溫和卻又堅定地訴說起他的創業故事與心路歷程。畢業自知名的輔仁大學織品服裝學系，擁有專業的服裝設計背景，崔老闆在畢業後和許多同袍一樣，一手做起屬於自己的服飾品牌；然而，在追求服飾設計多元和創新的路徑上，他亦遭遇了其他小眾品牌常見的困境。

　　回憶起當時的情景，崔老闆說道：「那時我想在帽子上做電繡的設計，但由於訂單量少，工廠都不願接我們這種小單，而且對方態度也都滿差勁的，讓人十分沮喪。」正所謂理想很豐滿，現實很骨感，在求助無門的情形下，崔老闆決定自行學習電繡技術及投身客製化電繡，並使用業界最頂尖的日本 TAJIMA 電腦刺繡機台，服務與自己有著相同遭遇的群體。

　　「即便沒有客戶也沒有關係，至少我自己的品牌有這樣的需求，當時是這麼想的，不過沒想到潛在客人特別多，他們也都和以前的我一樣，訂單量少，被電繡工廠拒於門外，因而找上我們。」崔老闆表示。

成立於 2016 年，目前座落於台北京站時尚廣場三樓，綱田繡是全亞洲唯一一家進駐百貨的電繡專櫃，秉持著親切又貼心的態度，致力於提供優質的客製化電繡服務；如今，眾多來自各行各業的知名人士都是崔老闆的忠實客戶，綱田繡也成為全亞洲電繡領域的創意領航者。

圖：從被服務到服務他人，崔韓實老闆開啟了人生中另一條創業之路 / 邱創煒攝影

圖：傳統與創新交織，綱田繡是電繡界的藝術和時尚典範 / 邱創煒攝影

跳脫傳統產業思維，打造創新藝術設計

　　將傳統產業結合文化創意，綱田繡踏上了一條別具特色的道路，透過自家的圖庫和字體本，運用電腦軟體及電繡機台，將傳統刺繡提升至一個全新的層次，每一件作品都充滿了故事和情感，並且深具時尚和藝術價值。

　　崔老闆提到：「大眾對於電繡依然存在著刻板印象，習慣把它和工廠、阿姨或大媽、代工劃上等號，認為這與繡學號一樣僅需幾十元的價格；可是事實並非如此，電繡是一門藝術，我們積極培養有興趣的年輕刺繡師，從事該領域的藝術創作，認同自己就是一名專業的刺繡藝術家，也希望有一天能夠大力扭轉社會大眾過往的刻板印象。」

　　平均年齡只有 25 歲，綱田繡的刺繡師團隊懷抱著熱情和創造力，肩負客戶的理想，專注於當下並努力達成使命。然而，創業並非一件容易的事，崔老闆也坦言，至今仍有許多挑戰等待著被克服，除了新進刺繡師的培訓頗有難度，注重細節、有耐心是基本要求，嚴選適用人才的過程更是格外艱鉅。

　　此外，隨著科技的不斷進步，崔老闆期盼有日能完成 3D 數位轉型，藉由線上系統自動化，滿足客戶不斷增長的需求。儘管面對著種種困難和挑戰，崔老闆和他的團隊仍然堅定不移地走在實踐理想的道路上，以萬全準備的姿態，不斷勇往直前。

努力讓自己被看見——獨特賽道、服務小眾、與時俱進

　　品牌經營邁入第八年，綱田繡不僅成功度過艱險的疫情，也從眾多電繡品牌當中脫穎而出，崔老闆真誠分享他的創業心法：「創業務必找出一條屬於自己的賽道，特色和創新非常重要，假如做出的項目和別人完全一樣，沒有自己的特色或者優勢，那客戶為何要選擇你？因此，我認為擁有自己的獨特之處，才有更大的機會被看見。」

　　另外，崔老闆也談到，綱田繡創立之初，本以小眾品牌為主要服務對象，因而自然吸引到不少忠實客戶。「服務沒有人服務的群體，如同馬雲創立淘寶，讓個體戶也有機會開始在網路上販售商品，創業成功的機會自然較大。」穩健行走在電繡領域，崔老闆未曾忘卻初心，他不屈就於傳統框架，聆聽年輕族群的意見，只為不停地與時俱進，從中得到更多的啟發。

　　與台北君品酒店為鄰，全年無休的綱田繡數年來迎接許多外國客人登門造訪，遠從歐美，近至亞洲各國，店內有趣新奇的客製化電繡服務無不吸引著他們，崔老闆深具信心地說，往後的日子綱田繡會加倍努力，走出台北，走出台灣，服務和照顧世界的另一端。

圖：專注創意和特色，努力讓自己被看見，綱田繡以匠心讓藝術綻放於每一塊布料上 / 邱創煒攝影

品牌核心價值

　　綱田繡，全亞洲唯一進駐百貨的電腦刺繡專櫃，採用客製化服務，並且於現場製作，不限數量 1 件即繡，為全台 Google 五星好評最高之電繡專門店，目前全年無休，於台北市京站時尚廣場三樓的亞洲台北店。

經營者語錄
電繡不是傳產，而是門藝術。

給讀者的話
1. 找到屬於自己的獨特賽道。 2. 如果找不到人能服務你的需求，那也許就是要由你來做這項服務。
3. 不停學習並順應新時代趨勢，而非說教或者排斥。

綱田繡
店家地址：台北市大同區承德路一段 1 號 3 樓（京站時尚廣場）
聯絡電話：0933-709-901
Facebook：綱田繡
Instagram：@kangtien

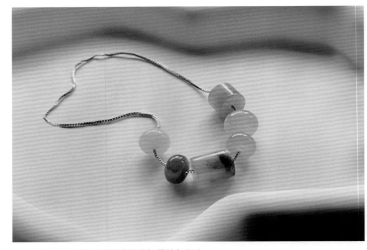

圖：兔寶頑石希望能將礦礦的美好帶給每個人

礦石：人生旅途的溫柔夥伴

　　若說人生如曠野，那麼對於喜愛翡翠玉石的人而言，礦石就是大自然所賦予的最佳夥伴，無論喜悅或悲傷，它們都像是默默陪伴的摯友，給予人們安慰與力量，一同體驗生命中的酸甜苦辣。資深礦石玩家「兔寶頑石」創辦人「兔寶」，過去因礦石結交不少好友，促使她在兩年前的工作之餘，決定創立自己的品牌，希望能與更多人分享自己對礦石的熱情，並促進彼此交流。

慢下腳步，愛你所選、選你所愛

　　品牌之名「兔寶頑石」源於兔寶對兔子的喜愛，與她將每塊礦石都視為捧在手中，珍惜呵護的寶貝之意。與商業和營利為首要考量的創業者不同，兔寶的創業理念顯得有些「佛系」，她表示：「礦石是我的愛好，創立品牌並非為了追求巨大獲利，而是希望透過這個平台與更多人互動交流，也認識不同生活圈的人，分享共同的愛好。」為了避免營收數字成為創業壓力，她仍保有一份數位行銷的全職工作，以斜槓的方式經營品牌。

　　「愛你所選，選你所愛」就如同世界上沒有百分百相同的人，礦石也是如此，每塊礦石都有其獨特的色澤、紋理和特色，散發不同光芒，也吸引不同人的目光。

　　服務顧客的過程中，兔寶會細心了解每個人的審美偏好，她觀察到有時人們可能受到周邊親友的影響，而想要購買類似的玉石，但由於忽視自己的喜好，很快地他們就不再配戴。因此「快速成交、提高銷量」從來不是兔寶頑石關注的焦點；反之，為顧客提供一個情有獨鍾，能戴上多

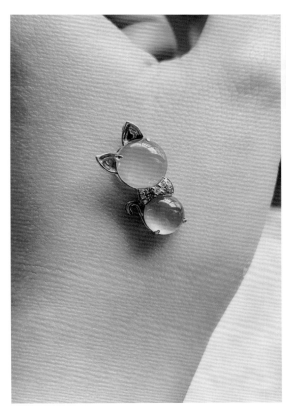

圖：礦石就像是一位溫柔的朋友，提醒人們欣賞隱藏在日常生活中的美好瞬間

年還不厭倦的飾品，才是她的成就感來源。她說：「即使是中價位的礦石，如果精心挑選，也能找到適合自己且能夠長久珍惜的。我曾見過顧客戴著一條手鐲三年仍然喜愛，這讓我非常開心，因此我認為買到喜愛的東西才是最重要的。」

現今網路直播當道，不少礦石賣家也會採用直播銷售，但兔寶對此卻有不同的考量。她認為，有時直播的光線或設備限制，無法清楚體現每項產品的樣貌，且消費者容易被直播的氛圍影響而衝動購物，反而增加退貨率。因此她更希望人們能緩下腳步，一一了解每件商品的真正價值，慎重考慮，再做出是否購買的決定。

無論是任何產業的店家，銷售自家商品時，都不會特意提及商品可能存在的瑕疵，但兔寶卻反其道而行，希望能以更透明誠實的態度，獲得顧客對品牌的信任。她舉例，天然的翡翠容易有黑褐色礦點、棉絮、石紋或色根等瑕疵，這些細節兔寶頑石都會明確指出，希望打造更好的消費體驗。市場上有各式等級的翡翠手環和飾品，但一般消費者要辨別真假並不容易，兔寶表示：「多數人僅憑肉眼或一般檢測方式難以鑑別真假，因此，兔寶頑石提供送至專業鑒定機構並代開證書的服務，讓顧客購買時更加放心。」

圖：隨著光影變化綻放獨特的光彩，兔寶頑石的每件飾品都能賦予佩戴者迷人的魅力與自信

圖：就如同世界上沒有百分百相同的人，礦石也是如此，每塊礦石都有其獨特的色澤、紋理和特色

客製化設計，打造獨一無二的完美飾品

礦石之所以深受人們喜愛，不僅源於其自然的獨特美感，更因為它能透過工藝技術和創意設計，賦予礦石深厚意義和個人化故事，進而成為為值得收藏和代代相傳的珍貴物件。兔寶頑石同時致力於客製化設計，讓人們能共同創作出具有珍貴意涵且獨一無二的飾品。

兔寶坦言，承接客製化訂單從初期尋找優質原料，可能就會耗時半年之久，之後依據個人喜好再與師傅溝通，進行設計和製作，也需大量時間和心力才能打造出優秀作品。因此兔寶頑石目前每一至兩個月只接受一次委託，以期確保成品品質。

此外，雖然翡翠玉石在華人文化中普遍受到喜愛，但不同地區的華人對於美學偏好卻有所不同，這讓她在尋找原料和實現設計理念時，也面臨了不小的挑戰。有時，即便找到滿足所有條件的原料，與供應商的價格談判也是一場心理戰，需不厭其煩來回溝通，克服每個階段的不同難題。儘管如此，每當新作品完成，看到顧客對成品的喜愛，兔寶便會感受到巨大的成就感，她感性地說：「每一次與顧客互動都是一次學習和成長的機會，開始接客製化訂單前，很多事我並不熟悉。是在過程中了解到，原來玉石可以這樣設計，工法的差異讓玉石有著截然不同的感覺，我想這就是我跟顧客一起成長的歷程吧！」

儘管斜槓創業佔去兔寶許多時間，但這段旅程也為她開啟新視野，讓她得以將在正職工作中積累的數位行銷知識和經驗，轉化應用於品牌上，豐富她的事業，同時展現跨域結合的力量。兔寶頑石的創立不僅因兔寶對翡翠玉石的熱愛，更體現了超越一般商業理念的溫度與人情味，對她而言，每位顧客就像是能以「礦石」作為共通語言交流的好友，有著真摯連結，共同分享情感、成長和探索，讓創業帶來更多軟性的附加價值。

每塊礦石都是大自然賜予的寶貝，在這個快節奏的現代社會，兔寶頑石邀請大家一同放慢步伐，細細欣賞那些經時間雕琢後仍舊閃耀著的寶貴時刻。針對品牌未來發展，兔寶也期望除了繼續提升服務與產品品質，更重要的是，她希望能堅守初衷，持續陪伴每位顧客，共同成長，見證更多美好。

品牌核心價值
生活的時時刻刻、點點滴滴都具有特別意義。點滴積累，構築美好，希望能將礦礦的美好帶給每個人，透過我們創造出專屬於你／妳的獨一無二，讓幸福綿延不斷。

經營者語錄
美好與幸福，永遠相伴常隨。

給讀者的話
選擇所愛，愛你所選，生活精彩點滴，有礦礦相伴，會更顯踏實、更具光彩。

兔寶頑石
Pinkoi：兔寶頑石

Instagram：@ashelymeme

產品服務：翡翠、玉髓、瑪瑙

HOX CRYSTAL
Handmade Jewelry

圖：HOX CRYSTAL 的誕生是東方與西方古老智慧的交匯，傳統與現代的完美融合，人們從中能獲得心靈與物質的雙重滋養

晶礦藝術：擁抱生命的無限豐盛

在快速變化的世界中，人們渴望的不僅是外在世界的寧靜，更是內在靈魂的豐盛。多年學習東方玄理和西方身心靈療法的珠寶設計師劉洛銘，數年前創立珠寶晶礦藝術品牌「HOX CRYSTAL Handmade Jewelry」。她以水晶礦石作為媒介，搭建起一座連結物質與心靈的隱形橋樑，邀請人們透過晶礦探索內在，進而感受生命的和諧自在。

古老脈輪療法加乘水晶，啟動自我調頻力

不少人都相信水晶和礦石蘊含地球母親賦予的強大能量，不僅能促進身心健康，更能帶來幸運與祝福，劉洛銘也不例外，過去她曾購買一條水晶手環，卻未料手環因線材脆弱很快便斷裂，這個插曲意外成為她創立品牌的緣起。

擅長自學，對手工藝有濃厚興趣的她，透過閱讀大量書籍，研究各種手作工法，希望創作出不僅精美且更加牢靠的手環。她將創作分享至社群媒體，作品意外獲得眾多讚賞和訂製需求，自此她便在忙碌的工作之餘，投入晶礦藝術的創作。為了使創作能真正幫助每個佩戴者，除了鑽研設計與工法，同時她也開始探索身心靈領域，尤其是古老的脈輪療法。了解到人體存在多個能量中心，不同脈輪對身體、情感、心理及靈性健康有著深遠的影響，這讓她不禁想：或許能將水晶礦石應用於脈輪療癒中，幫助更多人改善當前的身心困境或人生難題。

水晶之所以可以協助配戴者，多數人知其然，不知其所以然。例如在眾多晶礦中，黃水晶被坊間認為最具吸引金錢的能量，卻少有人能說出背後的原由。劉洛銘清楚點出，能對黃水晶功效

圖：經過一系列的實踐與改良，劉洛銘成功創新編繩工法，大幅降低線材磨損的耐受度，並得到智慧財產局專利

細緻說明的，就在脈輪療癒的知識系統中。她表示：「由於黃水晶主要對應臍輪至太陽神經叢輪這段的能量，提升這部分能振奮配戴者的精神、建立自信，因而增強企圖心和執行力，提高機會獲得更豐厚的報酬，這才是為什麼黃水晶有招財之效的底層邏輯，其他水晶的效果也能依循這套思路有更深入的見解。」

但只要配戴水晶就能有此效用嗎？她進一步說明：「在這過程中，水晶扮演的只是輔助的角色，真正決定生命的，還是取決於配戴者本身的選擇和努力。」此外，值得注意的是，由於每人所需加強的能量皆有差異，因此 HOX CRYSTAL 會為藏家量身打造獨一無二的作品，若有其他藏家想訂製同款，也會再與其溝通討論，創作相似風格的作品。

HOX CRYSTAL
Handmade Jewelry

客製化祝福：紫微斗數祈運手環訂製

　　隨著在身心靈領域的深度探索，劉洛銘逐漸認識到，儘管晶礦能對人們產生正面影響，但鑑於每個人的生命軌跡和所面臨的挑戰皆不同，因此就需要一種更加個性化和客觀的方法來設計配戴的飾品。

　　這個體悟促使她學習古老的東方智慧「紫微斗數」，經過兩年的勤學苦練，她深入地看見每個人的生命藍圖，進而推出紫微斗數祈運手環訂製服務，能針對每個人的本命、大限、流年、小限四種命盤，和藏家的美學偏好，運用晶礦和脈輪療法，提升個人運勢及生命狀態。若有感情不順遂的問題，劉洛銘通過命盤分析洞察人們的性格特徵，譬如過度固執或不善聆聽他人意見，又或者是習慣性付出而喪失自愛的能力，從而影響到伴侶關係。她融合東方紫微斗數與西方脈輪療法的精髓，精準使用相應的晶礦，並搭配一份專屬藏家的命盤解析，期許藏家能深度了解自己，並藉由水晶手環能量輔助，以促進生命課題中的和諧與理解。

　　作為一名修行佛道合一信仰的藝術家，劉洛銘的作品展現她細膩的美學思維，同時承載著傳遞給每位有緣藏家神聖能量的願望。她不願將信仰局限於任何單一的宗教框架內，而是希望融合東西方的哲學思想，創作出能為人們帶來心靈慰藉和生命啟發的藝術珍品。劉洛銘認為，無論是從身心靈的角度還是宗教玄學的見解，追求的終極目標始終是一致的。這樣的見地推動她超越傳統身心靈內涵，創造出更具反思、深度啟發和連接靈性的藝術作品，引導人們探索廣闊的內在世界。

圖：從藝品的設計與創作到最終的包裝呈現，每個環節都承載著對藏家的誠摯祝福

圖：劉洛銘親手設計的工作室，在許多細節都體現出她的巧思，環境精緻且大器

自利利他，以事業為志業道用

　　創業對於劉洛銘而言並非止於追求個人利益，而是以自利利他的精神，將事業轉為志業。除了是珠寶設計師，同時她也是專業的命理師和室內設計師。今年她將在台北市信義區開設工作室，提供室內設計、風水佈陣、命理諮詢和珠寶設計等多項服務，並將水晶、風水和命理智慧融入室內設計，為顧客打造舒心又促進健康和幸福的家居環境。

　　學習珠寶設計、研習東方命理與考取室裝設計執照，讓劉洛銘對人生有了更廣闊的視野，她相信生命中的各項經歷都是必經之路，並認為三者能夠相輔相成或各自獨立，而她也希望透過 HOX CRYSTAL，繼續分享這些年修行的發現與見地。

　　詢問她創業帶來的成就感為何，她認為除了創作作品與訂製服務外，最重要的是當她透過社群媒體分享一些價值觀時，也啟發人們帶著正能量面對生活的挫折。她說：「我不在意人們是否會收藏我的作品，但當他們回饋我從社群動態與文章中獲得一些啟發與療癒，並對生活產生正面影響時，我覺得自己做了正確的事。希望在這品牌所創作的一切，無論是作品、文字及感受，都能引導信賴我的人們，在身心靈方面前往豐盛美好的場域。」

　　從創立以來，HOX CRYSTAL 都會將一成收益捐贈於慈善機構，幫助弱勢孩童，回饋社會。她說：「能藉由創作來凝聚善意是機緣與幸運，非常感謝藏家的信賴，希望能幫助孩子們在成長過程中帶來暖意及支持。」

　　HOX CRYSTAL 的誕生是東方與西方古老智慧的交匯，傳統與現代的完美融合，人們從中能獲得心靈與物質的雙重滋養。隨著工作室的落成，相信 HOX CRYSTAL 將能為更多人帶來正面力量，也讓晶礦的溫柔與祝福能量，繼續常伴左右。

品牌核心價值
以緻繁之工為序，砌晶礦靈石為基，引療能磁性作陣，構祈願念想作結。

經營者語錄
藉由傳統東方玄理佐西方身心靈療法，搭配現代美學設計，以此乘載藏家的心靈寄託。

給讀者的話
將事業轉變為志業的過程，便是將賴以為生的正事用熱衷的形式填滿。

HOX CRYSTAL Handmade Jewelry
公司地址：台北市信義區松仁路 228 巷 7 弄 12 號 1 樓
Facebook：HOX CRYSTAL Handmade Jewelry 赫石晶礦療能精製
Instagram：@hoxcrystal

圖：彰化美甲工作室「春日指彩」品牌主理人春日

溫柔細膩，如詩如畫般的指甲彩繪

若談及最能體現女性對細節關注的地方，毫無疑問就是指甲，每片指甲就像是張迷你畫布，能以各種色彩和技法繪製出如詩的世界。原本從事食品營養工作的可愛女孩「春日」，2020 年從零開始學習美甲，並在彰化創立工作室「春日指彩」，她擅長運用柔和的色調和簡約的設計，創作出溫柔細膩的美甲作品；也讓更多人發現，少即是多，美不在於過分裝飾，更在於凸顯個人特色。

花漾指彩，美甲與花藝的創意交織

儘管春日的工作室空間不大，卻相當溫馨，擅長花藝的她，有時也會在工作室擺放作品，使整個空間充滿生氣，展現她對生活和工作的熱情。從食品營養業跨界美甲，是她對生活的反思，渴望一種更自由的生活方式，遠離朝九晚五。因此在工作六年多後，春日開始探索新事物，學習美甲與花藝，自此踏上創業之路。

不少人認為美甲師必定擅長畫畫，但春日卻並非天生擅長畫畫，小時候其實只會畫圓形和線條組成的「火柴人」。自從學習美甲後，她學會拆解不同美甲作品的元素，並使用所學的各式技法，逐漸能創作出精緻動人的作品。春日的美甲創作宛如視覺上的柔情詩歌，無論是溫潤的色調還是精緻的線條處理，都透露她對每個細節的關注，她說：「我喜歡簡單乾淨的風格，我一直都覺得簡單就很美，但若是顧客偏愛華麗或成熟的風格，我也不會排斥為其設計，美本來就有很多形式。」

在美甲行業競爭日益激烈之際，不少人擔憂整個產業已有僧多粥少的現象。對此，她持有不同看法，她認為，獨特性是一大關鍵，「每個美甲師都有自己的特色，有些擅長華麗的表現，而我更傾向於簡約；創作自己喜歡的風格，也能吸引到喜歡類似風格的顧客，並不是只有追求特定風格的美甲師才能創業。」

熱愛追尋各種美好事物的她，在 2020 年尋找自己婚禮花卉佈置與捧花過程中，突然萌生學習花藝設計的念頭，行動派的春日，很快就找到喜愛的教師，學習「美國花藝設計學院證照班」花藝師的課程。花藝成為一種媒介，讓其展現出自己內心深處的自由與創意，她運用各種花材，巧妙地組合出層次豐富的作品，並融合明亮鮮活的色調，營造出和諧的視覺效果，讓人彷彿置身於一幅充滿生機的畫作中。目前春日指彩在花藝的服務上主要是創作節日花束和新娘捧花，其次也有胸花、小型聖誕樹。

　　春日坦言，目前花藝服務尚未能帶來穩定收入，特別是在訂單不多的情況下。她舉例：若一束花需要用到十種花材，但每種花材只會使用一、兩朵，礙於花市無法少量購買花材，剩餘花材就是必須自行吸收的隱性成本。儘管如此，她仍堅持提供花藝服務，不僅是花藝能為品牌增添多樣性、讓社群媒體版面更加豐富，她也相當享受每次的創作，透過一束束的花藝作品，為人們帶來更多美好，同時自己也被療癒其中。

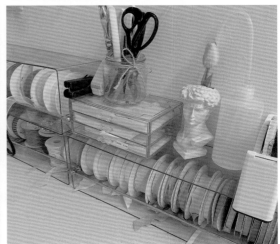

圖：步入春日指彩就像走進一個充滿療癒氣息的小天地，彷彿時間都在這裡慢了下來

圖：簡約清新的美甲造型強調的是「少即是多」的美學原則，使美甲看起來既時尚又不失優雅

新手美甲創業建議，勇敢面對質疑

　　當春日決定從事美甲創業時，從學習到承租工作室，每一步都走得相當篤定。對於有心學習美甲且想要創業的人，創業之初總有許多疑慮，尤其是經濟層面，擔心初期收入不穩定，又需要資金用來學習、購置相關物品。她認為，別將焦點放在令人焦慮的事情上，更重要的是立即採取行動，資金不足有不足的做法，「但若是不去做，煩惱只會一直在那，不會被解決，我覺得不要想太多，喜歡就去做。」

　　過去從事食品營養相關工作，決定以美甲創業時，也曾有家人擔心。為了回應這些擔心，她透過一個個作品來回應，家人也漸漸從不理解，改變對美甲的看法。她強調，「現在的服務業已經不再像以前那樣，只要做得好，自然會有人需要你的服務，甚至願意支付更高的價格。」許多人認為跨域工作，就像正式告別過去所學，對此她抱有更開闊的想法。過去春日的工作職責之一是開發保健食品，如膠原蛋白粉及益生菌配方，有時她看到市面上的產品，便會想：「若是能設計出簡約包裝，或許會吸引到像我一樣喜歡簡約風格的人。」

春日計畫著，在未來美甲與花藝事業更為穩定時，她也能將本科所學的食品知識與之結合。比如開發一款簡約包裝的膠原蛋白粉，「我覺得這樣的結合跟目前從事的美業很有關聯性，做美甲就是要變得更美更精緻，因此這也是我的最終夢想之一。」除此之外，創業已到第三個年頭，春日對未來的規劃也有著更加明確的方向，除了繼續精進手藝，她亦堅信教學是未來的主要發展方向，希望不僅能招募優秀人才擴大美甲事業，也能從體驗班開始從事教學工作；另外，春日也期待能繼續學習花藝，完成高級花藝設計認證，未來亦能教授花藝，提供多元化的服務。

春日指彩不僅是美甲工作室，對於許多人而言這裡是生活中難得的療癒場域，春日對所有尋求美和平靜的人敞開大門，也用一個個美好的作品提醒人們：每個人都可以在自己選擇的舞台上，綻放出最美的光芒。

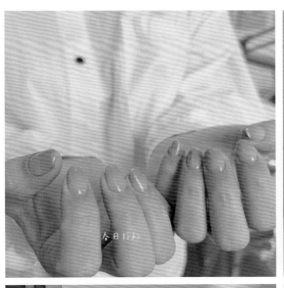

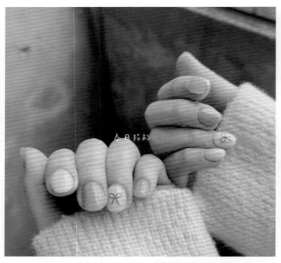

Spring Daily Flowers

今日日花

今日拾彩

Spring Daily Nails

今日日花

圖：春日指彩不僅是美甲工作室，對於許多人而言這裡是生活中難得的療癒場域

給讀者的話

分享創業前置成本——1. 凝膠美甲創業職能實務班 $36,000。 2. 第一套美甲膠 $9,500(一套正式上工的美甲膠)。 3. 從開始學美甲到開始接到第一位客人的購置費用 $58,000 左右 (包含上述費用)。

創業者所需要具備的能力——1. 行動力和自律。 2. 持續進步跟改變：秉持這個信念在有餘力之餘進修，幫客人做出自己也喜歡的優質作品。 3. 耐久坐：做作品跟練習都非常需要長時間坐著。4. 培養美感：多看別人的作品啟發，也要跟上近期流行元素。

品牌核心價值

春日不只代表我；春天正值嫩芽新生，春天充滿剛綻放的嫩葉與花朵，美麗的一切初始，春日這個名字希望帶給大家滿滿的美麗能量，如同店內的美甲跟花藝。

經營者語錄

乾淨、簡約的美甲即是一種美。凋謝的花朵本是生命週期的一部分，一樣能好好欣賞。

春日指彩 春日日花

工作室地址：彰化縣彰化市

Facebook：春日指彩 春日日花 彰化美甲花藝工作室

Instagram：@springnail8166

圖：菈格斐不僅提供住宿服務，更有著推動人們關注特殊寵物照顧的願景

玩轉色彩，羽翼上的繽紛異想

　　從新娘秘書到開設鸚鵡旅館，林妃帆的人生可謂是場對美的無盡探索。過去她擅長運用不同色彩為新娘增添光彩，但隨著新秘產業競爭日益激烈，讓她不禁感受到轉換跑道的必要性；告別擅長的彩妝造型工作後，林妃帆於大自然中汲取靈感，特別是她鍾愛的寵物鸚鵡。鸚鵡身上繽紛斑斕的羽毛，是最原始且純粹的顏色形態，她熱愛鸚鵡如寶石般的羽翼，也鍾愛牠們帶來的療癒感，這啟發她毅然決然轉換人生軌跡，於 2015 年在台中創立「菈格斐鸚鵡精品旅館」。

以旅館為平台，提升特寵照顧關注度

　　鸚鵡旅館不僅提供住宿服務，林妃帆擁有更大的願景——推動人們關注特殊寵物的照顧。在台灣，貓狗的寵物照顧資源已相當豐富，然而對於特殊寵物，尤其是鸚鵡，相關資源和關注度卻相對匱乏。成立鸚鵡旅館以來，提高鸚鵡住宿品質的同時，林妃帆投注不少心力推廣鸚鵡友善飼養的理念和方法，從鳥籠擺設、溫度濕度管控、飲食規劃到玩具選擇，她以動物心理學、動物行為學和營養學等角度，致力於全方位照顧每位到訪的嬌客。

　　林妃帆飼養三隻鸚鵡多年，營運菈格斐也接待過許多不同品種的鸚鵡。其中鸚鵡「佳佳」的轉變，讓她相信只要用心和關愛，運用正確的飼養方式，就能為寵物帶來巨大改變。回憶起佳佳剛到旅館時，羽毛顯得相當灰暗，且只愛吃葵瓜子，相當偏食，導致身體瘦弱；在她耐心的循循善誘下，佳佳開始願意嘗試更多元化的飲食，身體變得健康、原本黯淡的羽毛也更加潔白亮麗。林妃帆說：「儘管佳佳現在還是會懼怕陌生人，特別是男生靠近她時，她會有些緊張。但當她看到我時，卻能完全放鬆，甚至對我撒嬌，我也會時常稱讚她非常漂亮，這個轉變讓我相當感動。」

圖：每隻到訪的鸚鵡嬌客，林妃帆都以對待自己孩子的心情接待牠們，細心觀察牠們的需求與心情變化

　　由於鸚鵡旅館與中興大學獸醫系的距離相當近，成了菈格斐的一大獨特優勢。林妃帆表示，週末時，中興大學獸醫系的學生會到旅館工讀，他們能提供許多有價值、照顧鸚鵡的資訊，同時也有更多機會學習如何照顧鸚鵡。因此，許多飼主寧願選擇跨縣市到訪，因為他們知道自己的寵物在這裡能得到最佳照顧。

疫情衝擊，多年努力險些付諸流水

　　憑藉專業和良好的營運聲譽，創立以來菈格斐已接受不少媒體採訪，同時獲得不少鳥友們的信賴，亦成功加深人們對特殊寵物需求的關注，但一場史無前例的疫情卻讓她多年努力差點付諸流水。「因為疫情大家不能出國，我們是旅遊業的一環。如果人們不出國，我們就沒有生意可言。」林妃帆坦言，疫情爆發對她的事業帶來巨大衝擊，她眼見生意一落千丈，因而面臨嚴峻的生計考驗。

　　然而，困難不僅於此，房東也在此時告知她要收回房子並限期搬遷，因疫情影響，林妃帆當時無法外出看房，這讓她無比焦慮。她說：「當時既沒有收入，也不曉得疫情何時可以緩解，我曾一度想要結束營運。」後來她尋求信仰的力量，走向神明祈求指引和支持，神明指點她要繼續堅持下去，並且不久的未來就會找到下個空間。果真，後來她也順利找到營業地點，並獲得銀行貸款支持，因而度過這波創業的亂流，菈格斐的營運也隨著疫情緩解，收益漸漸回升。

　　回首這段歷程，林妃帆表示，當時確實內心相當痛苦，但因疫情而放棄營運，將會成為推動特寵照顧的一個斷點。「我想除了信仰的力量，更重要的是我相信，只要堅持下去，就能推動社會更加看見特殊寵物的需求，這也是我持續努力的目標。」因為她的不放棄，越來越多動物醫院開設專門照顧非犬貓類寵物的診所，如鸚鵡、烏龜等等，顯示人們對於特殊寵物照顧的重視程度，正逐步提升中。

圖：林妃帆的寵物鸚鵡金頭凱克「小葵」

圖：舒適的住宿空間和專業的照顧知識，位於台中的菈格斐擁有豐富經驗，確保鸚鵡嬌客在主人遠行時，獲得最佳照顧

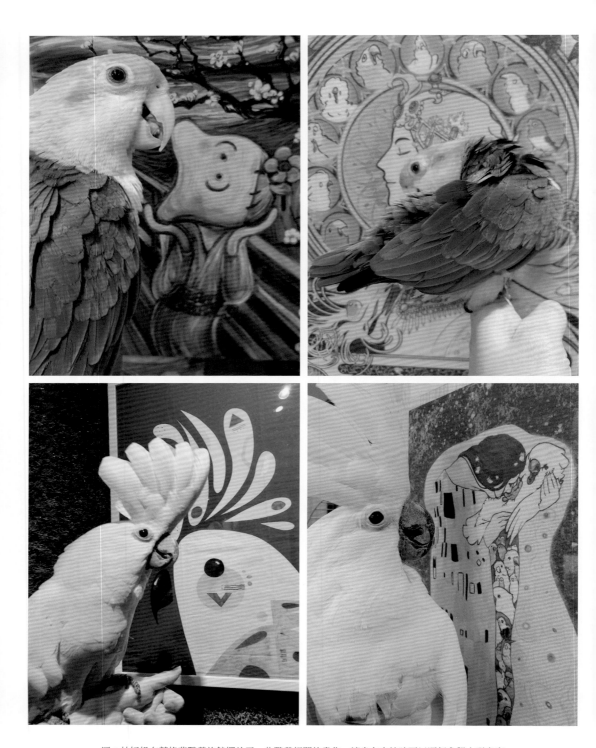

圖：林妃帆在菈格斐鸚鵡旅館擺放了一些鸚鵡相關的畫作，讓鳥友來訪時可以順便參觀小型畫廊

成功跨域之因：逆向思考和跨領域學習

多年從事新秘工作，彩妝造型對林妃帆而言可謂是信手捻來，當下定決心轉換跑道時，她也花了不少時間調適心情，並做好跳出舒適圈的萬全準備，例如閱讀大量跨領域的書籍：企業管理、經濟學，並把這些知識應用於日常工作中。

她將過去服務新娘的細心和高水準品質，應用於寵物照顧上，此外，她還將美學理念引入工作場域，打造出一個乾淨舒適、充滿藝術氛圍的寵物旅館，與一般鳥店截然不同。她表示：「逆向思考和跨領域學習就是我的座右銘。我相信，當你跨越不同領域時，過去的專業知識不僅不會被淘汰，還會為未來提供更多發展的可能性。」

彩妝師跨足旅宿業並度過疫情風暴，林妃帆的創業之路不算一帆風順，但每每談起鸚鵡，卻總能讓人看到她眼底的光芒。除了對鸚鵡有著無比的熱愛，讓林妃帆願意繼續前進，更重要的原因是，她的努力確實從未白費，「目前許多新的鳥友已將鸚鵡視為家庭成員，而不僅僅只是觀賞鳥類，這讓我非常開心。」

菈格斐未來會是什麼模樣，又會帶給喜愛動物的人什麼驚喜呢？林妃帆表示，除了繼續完善菈格斐，將其打造成專業的鸚鵡飼養平台，還會為獸醫系學生提供學習寵物鸚鵡飼養和照顧技巧的機會，以培養更多專業人才。展望未來，她計畫與海水魚領域專家合作，將鸚鵡與海水魚缸結合，探索更多可能性；此外，她也規劃與音樂家合作，促進多元有趣的交流。儘管過去三年或許是菈格斐的低谷期，但相信菈格斐將會繼續為台灣特寵發聲，提升特寵照顧的品質。

給讀者的話

能飼養寵物是一件很幸福的事情，寵物的世界只有飼主，所以飼主的心情好壞寵物會很靈敏的感受與反應，請保持冷靜的心情和穩定的態度來面對寵物，寵物也會回饋相對應的情緒來撫慰飼主的心靈。

品牌核心價值
提升台灣寵物鸚鵡的友善飼養觀念。

經營者語錄
逆向思考，跨領域學習。

菈格斐鸚鵡精品旅館
店家地址：台中市區
聯絡電話：0930-870-186
Facebook：菈格斐寵物鸚鵡 行為 . 飲食
產品服務：寵物鸚鵡住宿和行為及飲食知識分享

圖：CJ Store 的定價介於平價的區間，某種程度甚至挑戰市場常態

兼具品質，觸手可及晶礦的美好

　　數千至數萬元的水晶礦石市場中，價格似乎成了一道難以跨越的鴻溝，讓晶礦愛好者不得不對價格妥協，然而，隨著晶礦品牌「CJ Store」嶄露頭角，這種情況似乎正在改變。CJ Store 的商品讓不少資深玩家驚喜連連，許多人驚訝於同質量的手鐲在市面上價格更高昂，CJ Store 卻能以實惠的價格提供給消費者。創始人「西追」熱愛晶礦，她創立品牌的初心就是希望讓更多人能沒有負擔地一起享受晶礦帶來的美好。

真實之美：商品攝影的真如呈現

　　西追表示：「CJ Store 的定價介於平價的區間，某種程度甚至挑戰市場常態，從相似的商品相比，CJ 的價格就顯得更為親民。」

　　晶礦領域中存在一個普遍的觀念：只有高價才能保證水晶的品質和真實性。然而，西追對此持有不同的看法，她發現市場存在不少透過染色或加溫以改變其顏色的水晶和翡翠，因此未必高價就代表純天然。儘管 CJ Store 的價格相對平價，但西追對顧客的承諾卻從未打折。她表示：「當我收到一些較為特別的品項，尤其是翡翠或較稀缺的水晶，我會特別送鑑定，確保每件商品的品質。」同時，她也時常提醒顧客，最好能根據自身經濟能力購買，沒必要讓本該傳遞美好的晶礦反而成了額外負擔。

　　創辦 CJ Store 之前，西追所學與設計和影片製作相關，她對品牌的整體視覺表現有著獨到的見解。堅持以簡潔真實的拍攝風格呈現，避免過度的背景佈置或照片後製調色，力求展示商品最自然的狀態，然而，社交媒體和電商平台上光鮮亮麗、經過精心設計的圖片，往往更容易吸引眼球、快速聚集流量。這讓西追面臨一個選擇：是跟隨大眾，採用多數人青睞的的商品展示思維，還是堅持原則，用更真實的方式呈現商品呢？

幾番思索後，「也許這是我的固執，我堅持走自己選擇的路。即使會讓社交媒體上的粉絲增長速度較慢，我仍願忠於簡約風格。」或許簡約真實的視覺呈現，讓 CJ Store 在累積社群媒體粉絲數上進展較為緩慢，卻也為品牌帶來了另一個優勢，更貼近真實的商品呈現，大幅降低產品與圖片不符導致的退貨率，成功樹立誠實無欺的品牌形象，更提升了消費者的信任度。

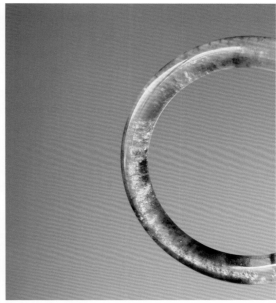

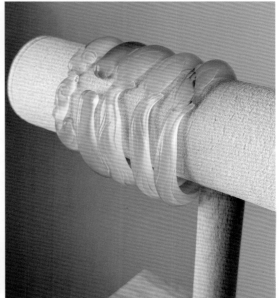

圖：戴上晶礦手鐲宛如融入大自然的懷抱，感受能量的流動與和諧的平靜

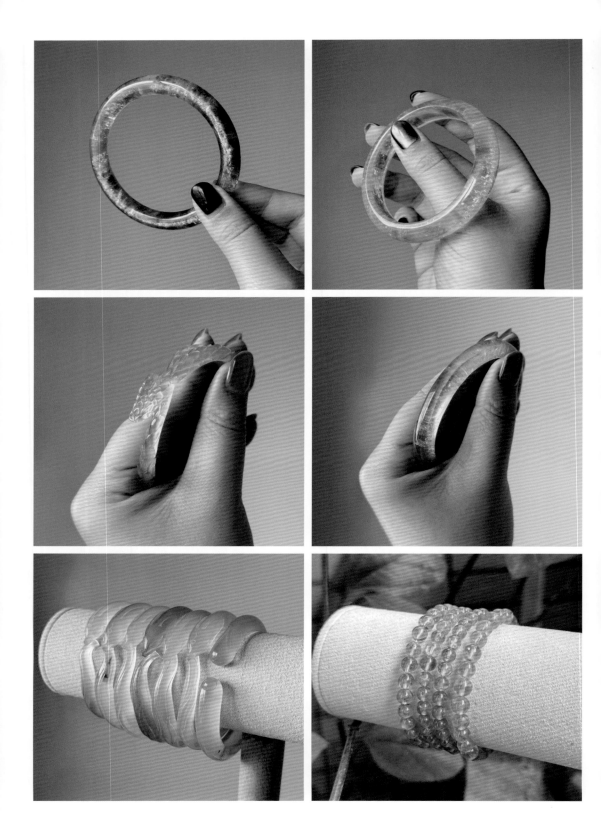

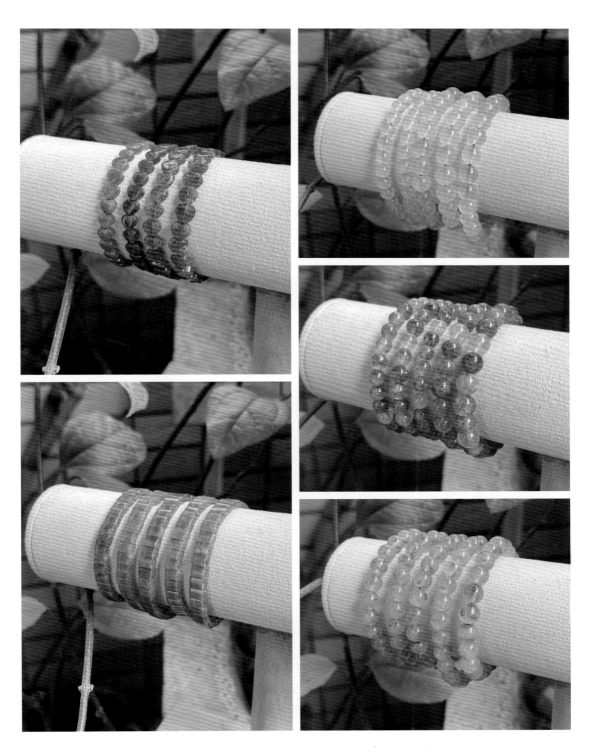

圖：CJ Store 創立的初心就是希望讓更多人沒有負擔，能一起享受晶礦帶來的美好

零元起標競價拍賣，提升顧客黏著度

　　庫存管理對許多創業者而言絕對是棘手的難題，庫存過多可能造成資源浪費和額外的降價銷售壓力。隨著選品眼光愈加精準和前期的不斷試錯，並結合社群媒體和電商平台的流行趨勢分析，CJ Store 並沒有過多因滯銷導致的囤貨。同時她也根據季節變化，分析人們的喜好，她認為夏季時人們更喜愛清爽透明的顏色，湛藍猶如海水般的「海藍寶」就特別受歡迎；春天則柔和如「櫻花瑪瑙」、「粉水晶」深受女性喜愛。

圖：CJ Store 以其敏銳而精準的選品眼光，發掘出高質量的晶礦飾品，並承諾以親民的價格與同好分享

擁有較少囤貨量的另一原因即是，西追擅長規劃靈活有趣的行銷策略。CJ Store 運用「零元起標，競價拍賣」的模式，有效吸引消費者關注，不僅讓購物變得更加有趣，還加快產品的流通速度，有效緩解庫存壓力，也加深品牌與消費者間的黏著度。除了價格親民，CJ Store 的親和力和靈活度也深受不少消費者喜愛，她說：「我和顧客的關係更像朋友，我想除了是顧客和我有滿多交流，我也不會要求顧客一定要按照規定，我希望能更具彈性達到『彼此都好』的狀態。」儘管部分顧客可能因此提出更多要求，但絕大多數人也因為這種舒心的消費體驗，而更加信任 CJ Store。

2023 年，在社群媒體和直播間，許多賣家不約而同地遭到了有心人士的攻擊，CJ Store 也是苦主之一。西追回憶起這段經歷，她表示：「最初遇到此類攻擊時，我往往會先反思自己，看是否有哪些事情做得不夠好。」但隨著與同領域創業者更多交流，她才發現原來這是同業懷著惡意的有心操作。很快地，她就調整心情，相信只要堅持做好自己的事，其他的就不需要過多擔心了。

CJ Store 成立兩年，僅花了數個月的時間，西追就達成損益兩平的目標，每個月的收入也超過之前當上班族的薪資，這樣的好成績讓她成了不少人創業的請益對象。雖然電商行業看似相當光鮮亮麗，近期全新商業模式的「快電商」也獲得不少關注。她仍強調，成功並非一蹴可幾，如何增加品牌粉絲數、廣告投放效果，及對市場趨勢有敏銳的洞察力，和控制進貨與包裝材料成本，都需要花費不少心思，尤其若商品的尺寸大小不一，包裝上要考慮的事情更多。「即使到現在，我仍需要不停學習，從行銷廣告、商品包裝甚至如何選擇包材，以降低商品被損壞的風險，都要不停思考和優化。」她提醒，不要只看電商創業的美好面，背後還有許多少為人知之處，需要不停努力。

詢問西追未來是否還有其他規劃，她表示目前仍致力於網路經營，希望穩扎穩打發展，目前暫無任何開設實體店的規劃。儘管電商變化快速且難以預測，CJ Store 仍會保持初心，讓更多人無需花費大量金錢，就能輕鬆感受到晶礦帶來的無價體驗。

給讀者的話
投身任何領域前，深入了解必不可少，尤其是電商創業時成本、資金、產品種類、包裝材料等等，都是必須思考的重點。

經營者語錄
始終相信自己，相信自己有無限潛力實現夢想。

品牌核心價值
渴望為每位顧客創造一種輕鬆愉悅的購物體驗，而非因價格造成負擔。

CJ Store
Instagram：@cj.jade_
Line：@478uuodd
產品服務：水晶礦石相關的手鐲、項鍊和戒指

小仙女晶礦治癒所

圖：小仙女晶礦治癒所希望能夠傳遞更多正能量，讓更多人也能感受到晶礦的美好

乘載祝福心念礦石，意外開啟創業契機

　　無論中外，水晶礦石往往被認定蘊含神奇療癒力量，具有凝聚、振盪、擴大和傳送能量的特質；然而，有時帶來療癒的不僅是礦石，更是承載礦石背後的祝福心念。從事護理工作多年的年輕女孩「小仙女」，過去從未想過會被晶礦「引領」踏上創業之旅。2022 年，一名好友正飽受情緒困擾，她偶然發現水晶的療癒力量，因此決定將粉水晶作為祝福送給好友。好友深受這份意外禮物的感動，爾後便決定創立水晶品牌「YUFEI 瑀霏」。

藍色系水晶的自信魔法，擁抱獨特的自己

　　幾個月後，好友也鼓勵同樣熱愛礦石的小仙女嘗試開創自己的品牌，以此來平衡她忙碌且高壓的護理工作。面對創業這一重大決定，她感到猶豫不決，擔心投入資金無法獲得回報，也害怕無法應對可能的失敗和壓力，負面想法使小仙女一度動搖，對於是否值得冒險創業感到懷疑。此時，好友提醒她：「如果你覺得礦石帶給你開心和療癒，又能緩解護理工作的壓力，即使未來創業失敗也沒關係，起碼你是做讓你開心的事。」有了好友的支持與鼓勵，並和她分享電商創業的相關經驗，小仙女像是有了強力的後盾，更加堅定創業決心，最終成立了「小仙女晶礦治癒所」。

　　晶礦種類五花八門，小仙女對藍色系水晶情有獨鍾，她認為藍色水晶特別能改善自己不擅表達或缺乏自信的特點，進而促進人際交流溝通。儘管多數刻板印象認為不擅表達或缺乏自信是創業者的「硬傷」，但令人意外的是，小仙女晶礦治癒所卻吸引不少有類似特質的女孩，希望透過

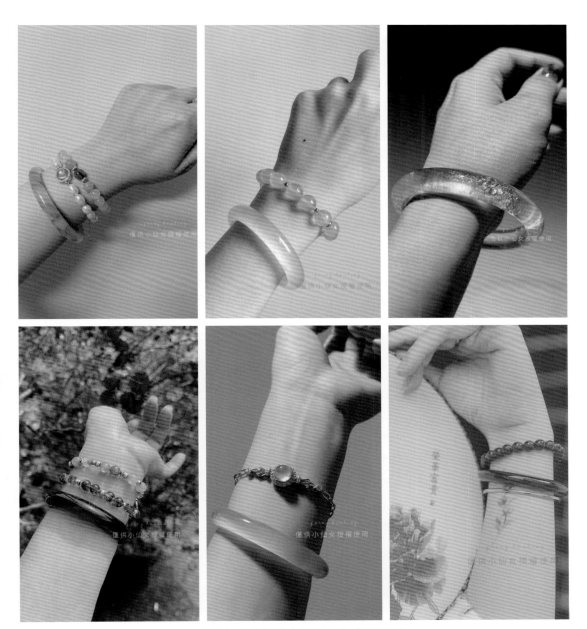

圖：豐富的色彩層次讓晶礦充滿神秘而迷人的魅力，為佩戴者帶來內心的平靜、智慧與靈感

晶礦提升自信。正如同世界不存在所謂完美的晶礦，她看著每塊水晶和礦石，有著不同的紋理與色澤，也從中理解到「花若盛開，蝴蝶自來」，鼓勵更多和她一樣自信不足的女孩，能看見自己的獨特之處並珍惜自我，最終勇敢地綻放。同時，她也鼓勵每位小仙子，不需要因為別人對於你所購買水晶的評價，而動搖自己當初的決定，畢竟每塊礦石無有美醜，都值得被欣賞。

面對巨大創業挑戰與同業謾罵攻擊

　　或許是對待顧客特別真誠與良善，短短一年多，品牌的社群媒體粉絲數便大幅成長。同時小仙女也迎來一件她從未想過的巨大挑戰——同業攻擊。

　　最初，小仙女晶礦治癒所的社群媒體頁面開始出現負面評論，嘲笑選品既昂貴又難看；隨後甚至有人截圖她的私人社群媒體帳號，攻擊她的外貌、家人和朋友。這些突如其來的謾罵與譏笑，讓本是秉持透過水晶療癒更多人的她，開始感到前所未有的憂鬱，也大大影響了生活。她說：「當時若只是攻擊品牌或是我個人，都沒關係，但是我不能讓我的朋友、夥伴和家人受委屈，所以我決定要對他們提告。」

　　提告後，她才發現躲在螢幕背後謾罵的人，竟是一名資深且社群媒體追蹤數更高的水晶賣家。她表示：「我後來才知道這個賣家的年紀比我小，儘管這件事帶給我很大的影響，但我還是把她當成小妹妹，我想她可能社會經歷不夠，所以只能用這種方式去打壓競爭對手。」同是創業者，小仙女理解每個創業者的難處與辛苦，因此最後她決定與這名賣家和相關者達成和解。「雖然這個賣家用了錯誤方式展現自己的能力，但我也不想讓她無法經營下去，我只是希望對方能從中汲取教訓。」她溫柔地表示。

圖：小仙女晶礦治癒所不定時參與市集擺攤，讓不少同好能有機會一同探索和交流

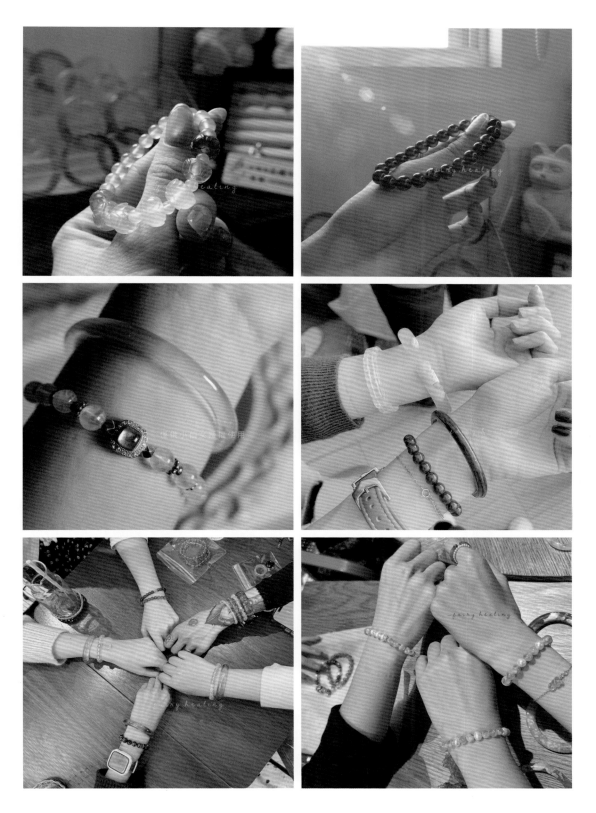

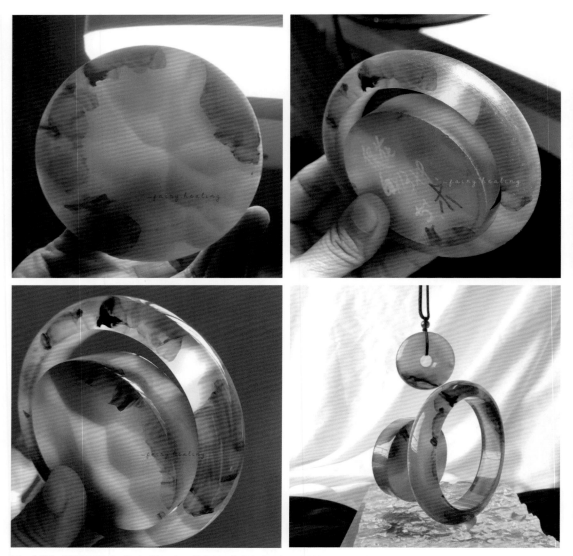

圖：客製化手鐲將原始礦石打磨成獨一無二的作品，彰顯每位小仙子獨特的品味和風格

客製專屬手鐲，小仙子最佳消費體驗

　　面對挑戰，她以難得的同理心應對，這種同理心在創業的旅程中顯得格外重要。它讓創業者能深入理解目標顧客的真實需求和情感，從而設計出更能滿足期望的服務，助品牌觸及更多的人。

　　小仙女的手圍比多數人來得小，讓她有找不到合適手鐲的困擾。她相信，許多人必定面臨相同問題，因此，即便客製化訂單將耗費更多時間與精力，她仍決心提供這項服務，讓原始礦石成為獨一無二且閃耀動人的手鐲，服務更多手圍小的小仙子。

圖：每塊水晶和礦石，有著不同的紋理與色澤，就好比每個人都是獨一無二的，都值得被欣賞

　　她形容原始礦石精心打磨後，就像是一個人出社會，獲得更多知識和磨練所展現的光芒。「這個手鐲和圈口真正屬於你，不會與任何人相同，因此這項服務讓我特別有成就感。」她說道。但客製化服務並非能百分之百符應小仙子的想像，每塊礦石打開後的樣貌相當難以預測，因此她也提醒，需要仔細思考評估，畢竟無法保證最終切割出來的手鐲完全符合期待。然而，多數情況下，人們都對最終成品非常滿意，甚至有些表示，收到專屬於他們的獨特手鐲，可謂是最愉快的購物經驗。

　　儘管同業攻擊曾經讓小仙女一度思考是否要暫停品牌營運，但經歷了這樣的風暴，她的創業之旅走得更加堅定。她決心深化專業知識，計畫未來考取珠寶鑑定師資格，以增強品牌的專業度，此外，她也夢想將來開設實體店，創造一個能夠傳遞正能量和療癒的溫暖空間，讓更多人也能感受到晶礦的美好。

給讀者的話
我沒有辦法十全十美療癒每個人每件事，但只要找到我，我都願意付出真心去療癒且聽你們訴說，自我認同不需要明確的目的或意義，只要每次做完都心滿意足即可。

經營者語錄
花若盛開，蝴蝶自來。

品牌核心價值
以自己會喜歡、會購買為目標，來分享這些療癒事物，若連自己都無法療癒又如何與小仙子們分享。

小仙女晶礦治癒所
Line：@250zxuch

Instagram：@_fairy.healing

產品服務：水晶礦石手鐲與相關飾品

圖：微笑森林英語專門校，致力於打造一個理想又溫馨的英語學習空間

養成空氣語感的全外師樂學體驗

隨著全球化的到來，英語已成為人們跨界交流及合作時不可或缺的語言工具，同時也是衡量個人全方位能力的一項重要指標；在現代家庭中，許多家長積極尋求有效的方式幫助孩子學習英語，以提高其未來的競爭力和機會。位於高雄市的微笑森林英語專門校，以「空氣語感」的概念作為主要教學理念，為學生規劃一套完整的英語學程；期盼在專業教師的指導下，透過不同主題和多元學習環境的引領，讓英語真正落實到生活當中，如同空氣一般地存在，為孩子建構出一個全新的生活視野，陪伴他們輕鬆、快樂且自信地成長。

資深補教夫妻檔，為孩子打造沉浸式學習天地

微笑森林英語專門校由兩位在英語補教業深耕十餘年的教師夫妻檔 Cathy 與 Frank 共同創立，聊起創業的初心，他們的語氣真摯且專注，而這正是他們對於教學理念一貫秉持的認真態度。

過去身為國中英文補教老師的 Cathy 回顧：「當我們擁有自己的孩子後，自然希望為他尋求最好的英語學習環境，可是我們清楚現階段台灣的英文教育主要是以獲取高分為主，與養成能自然地用英文思考及表達的習慣不盡相同，所以為了孩子、我們決定創辦微笑森林，讓更多同齡的小孩一起沉浸在好玩的英語學習狀態中。」

「以前我教了非常多會考試的學生，但是他們不太能夠運用英語自然表達，微笑森林的主要目標就是希望學習英語不是只為了考試這件事情，而是能夠像在國外一樣，培養出『空氣語感』，讓孩子們真正使用英語表達自我。」從事多年高中升大學英文教學的 Frank 談到。

圖：與孩子同行的英語教育引路人 Cathy 與 Frank

全外師優質教學：來到微笑森林，彷彿出國在外

　　擁有高鐵旗艦館與河堤分館，目前師資規模大約十餘人左右，微笑森林英語專門校由受過專業培訓的外籍教師進行多元化的英語教學，為孩子帶來一個充滿活力的學習環境。特別的是，教師群分別來自不同國家、不同性別、不同膚色，讓每個孩子都能在年幼的階段即接觸到世界最豐富的面貌，提供學童一個既歡樂有趣又能增廣見聞的學習天地。

　　從 1.5~3 歲的親子英文班、3~6 歲的 Baby 英文全班系、幼兒園階段的幼兒園課後英文班、到字母發音班、國小多元全美課後班和國小體感英文班，以及即將成立的中學部，微笑森林針對不同年齡層的孩子，給予相對應的英語學程，體驗真正的沉浸式學習，培養出自然而然的「空氣語感」。

　　「透過外師的發音，孩子們除了可以從一個優良的仿說對象建立未來漂亮發音的基礎，也能藉由與不同文化背景的人相處，學習到不一樣的思考模式，用英語學習各個領域的知識。當然，我們應徵外師的其中一項門檻，就是要『愛小孩』，對教育投以熱情，並且擁有良好的道德觀念。」Frank 分享。

走過艱難疫情時刻，感恩家長口碑的溫暖支持

　　創辦微笑森林英語專門校五年以來，走過了艱難的疫情時期，現在回想這一切，仍然帶給 Cathy 與 Frank 幾分驚心動魄。那時，隨著孩子的年齡逐漸成長，微笑森林從幼兒英語拓展至國小英文班，也在 2021 年初開心迎接新館的開幕，但沒想到一個月後，迎來的卻是台灣疫情大崩潰，政府隨即宣布禁止室內群聚等相關措施。

　　「為因應政府的政策並顧及學生的健康安全，當時我們取消所有實體教學，努力發展線上課程。」Cathy 提到。然而，對於幼兒及國小生來說，要專注在螢幕前上一堂全英語的課程並非一件容易的事，這也促使夫妻倆花費更多的心思在課程規劃上。「我們從中給予課堂許多協助，讓線上課程得以順利進行，也加入魔術課程、生態課程等，讓孩子在線上也能體驗到多元化的學習。」對此，Frank 亦有感而發：「這一路走來，真心感謝眾多家長的口碑相傳，也越來越認同我們的教學理念，並且把微笑森林介紹給抱持相同理念和冀望的家長們。」

圖：多元化的課程，幫助孩子探索更大的世界，激發他們的好奇心

圖：在外師的引導下，學童在充滿歡笑的環境中學習英語

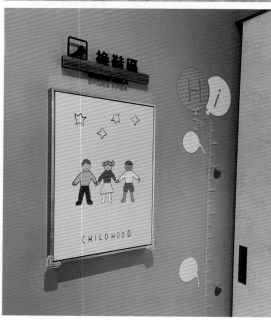

圖：微笑森林英語專門校目前開放高雄地區業者加盟，共創安全舒適的英語空間

Cathy 與 Frank 美感融合儀式感的經營哲學

用心經營微笑森林英語專門校，致力於打造一個理想又溫馨的英語學習空間，無論是教室環境、師資篩選或者課程規劃，處處可見 Cathy 與 Frank 關注教育的細緻和決心。Frank 強調，經營補習班最基本的一件事即是把學生視為自己的孩子般照顧，因此，設立符合法規又舒適的教室環境，不僅是為孩子的安全提供全面保障，更是不辜負家長信任的安心承諾。

「剛開業的時候，許多人會以為我們是咖啡廳，因為從招牌圖樣、人員制服到教室環境都經過特別設計，我們注重美感的呈現，更希望藉此培養孩子對美感的敏銳度。」Frank 笑說。有趣的是，除了美感，「儀式感」也是微笑森林的一大特色；例如：外出時孩子們會戴上黃色帽子，象徵遵守相關規範，搖鈴鐺則代表上課，一切井然有序。

關於外師和課程，Cathy 則呼籲後進和同業：「若計劃引進外籍教師，務必進行前期溝通，完善規劃好課程，避免外師照本宣科的普遍情況發生，也千萬不可利用外師的特殊角色唬弄家長跟孩子。」無論身分是父母、老師或者經營者，Cathy 與 Frank 所展現的積極態度皆是值得我們學習的最佳典範。

品牌核心價值

微笑森林英語專門校以「空氣語感」的概念作為主要教學理念，期盼在專業教師的指導下，透過不同主題和多元學習環境的引領，讓英語真正落實到生活當中，如同空氣一般地存在，為孩子建構出全新的生活視野，陪伴他們輕鬆、快樂且自信地成長。

經營者語錄
英文在微笑森林不是一個學科，它只是我們使用的語言。

給讀者的話
這是主要「人對人」的行業，除了基本的教育熱忱外，更必須具備「表達」與「溝通」的能力，方能在老師、學生與家長之間，扮演好三方橋樑的角色。

微笑森林英語專門校

專門校地址：高雄市左營區重義路 22 號（高鐵旗艦館）、高雄市三民區明誠二路 108 號（河堤分館）
聯絡電話：07-345-6687（高鐵旗艦館）、07-350-5561（河堤分館）
官方網站：http://www.smileenglish.com.tw
Facebook：微笑森林幼兒英語（空氣語感養成專門）
Instagram：@smile_englishcenter

MAMU
麻木生活
療癒所

圖：透過編織，開啟一場內在冥想、一次深刻對話，以及一次與自我的真實相遇

療癒與對話，織造不同的生活質地

在現代快節奏的生活中，人們常常不自覺進入「自動導航模式」，公司家中兩點一線，每日如同一次次重播毫無新意的影片。位於台南的「MAMU 麻木生活療癒所」，由年輕女孩 Mumu 創立，她曾經也對生活倍感失望，然而因緣際會接觸編織技法「Macrame」後，便重新尋回對生命的熱度。

編織中發現自己，找回內心秩序

Mumu 初次接觸 Macrame 編織時，正值生活低谷。她說：「當時我只是覺得它非常美麗，想學學看。沒想到這個過程讓我全心投入，暫時忘卻內心的負面情緒。」隨著她不斷自學，涉獵國內外的教學影片和書籍，Mumu 的編織作品日益多元，舉凡壁幔、置物籃、鏡子，到衛生紙盒、涼鞋、包包等等，通通難不倒她。她開始在社群媒體上分享作品，引起更多人對這種古老編織技法的興趣。

Macrame 編織能應用在許多層面，由於 Mumu 特別偏愛居家佈置，因此她更專注於創作具實用性的居家物品和擺設。自 2021 年起，Mumu 開始在台南開設小班制課程，涵蓋初階與進階的編織技巧。她表示：「因為 Macrame 幫助我度過一段低潮期，讓我體會到一種獨特的平靜感，所以創立 MAMU 時，我特別希望透過教學，為更多人帶來療癒的可能。」

她解釋，編織往往需要全神貫注，使得學員在創作過程中，自然地展露他們的個性。例如，急性子的人會急於完成作品，完美主義者則會不停地調整，追求每一步驟都要臻至完美。透過觀察這些細微的動作和反應，Mumu 與學員建立了更深的聯繫，有時也會觸動學員開啟對自身行為

或情感的反思。「當我指出他們編織時的一些行為,學員們經常會驚訝於我對他們個性的洞察,這成了我們開啟對話的契機,讓他們能分享更多感受。」她說。

現代社會中,成功往往被狹義地定義為高薪工作和顯赫職位。學習且教授編織,讓 Mumu 一瞥職涯的多種可能,她認為生活不應被侷限在單一框架中,每個人都應擁有追求不同樣貌的自由。長期追求社會普遍認同的成功,活在他人的期待下,往往會讓人感到生活乏味並迷失自我,Mumu 說:「我希望當大家上課時,都能感受到,即使生活充滿挑戰,或是處於逆境,我們也能療癒自己,獲得新能量,讓自己重新站起來。」

圖:MAMU 的編織課程獲得不少企業青睞,讓員工在忙碌的工作之餘,能放鬆地學習新事物

圖：MAMU 麻木生活療癒所不僅能學習 Macram，也是靈魂休憩和自我探索的絕佳場域

家人全力支持，走過創業挑戰

對於 Mumu 而言，創業宛如是一場自我對話的旅程，尤其手作教學屬於小眾市場，從市場定位到吸引潛在顧客，每個環節都要用心策劃與調整。Mumu 坦言，即使到現在，課程招生仍是創業的一大挑戰。其次，創業初期尋找適合的教學場地也是一大難題，多數空間租借至少需要 4~6 名學員才能覆蓋成本，但初創期要穩定招收如此多的學員並不容易。

好在，Mumu 有位室內設計師朋友願意提供場地，並讓她以人數計算場地租借費用，這樣即便只有一名學員也能開課；除了朋友的大力支持，Mumu 的家人也是其創業路上的堅強後盾。她說：「無論是我的公婆還是父母，都相當支持我創業。他們總是問我做這件事時，是否感到快樂，這讓我非常感動。」丈夫同樣給予巨大支持，陪伴她度過創業的高低起伏。見證 Mumu 透過編織和教學變得更加積極正向後，丈夫深信這份工作不僅療癒了 Mumu，同時也能幫助更多人，Mumu 感性地說：「我非常感激我的家人不以傳統的成功標準來衡量我，而是更加關心我的幸福。」

圖：MAMU 的創作融合實用性與藝術美感，每件作品都別具溫度和獨特性

讓編織成為一場冥想，與自我真實相遇

Mumu 表示，一直以來 MAMU 的品牌定位就不在產品銷售，而是教學和體驗，她認為過度強調銷售，很容易陷入價格戰中，失去手作最初帶給人們的療癒感，反而讓創作者變成生產線的一環。

Mumu 的教學方法深受學員們喜愛，最大的原因是，她始終以初學者的視角出發，思考學習過程中可能遇到的困難和常見錯誤。她精心準備教學講義，詳列步驟和技巧，並特別設計易於理解的記憶口訣和直觀的操作方法，幫助學員快速掌握看似繁複的編織技巧。這種方法不僅提高教學效率，也讓學員能在實踐中迅速糾正錯誤，增強學員的信心。Mumu 說：「教學中的耐心與對細節的關注是不可或缺的；我總是預先模擬學員可能會遇到的難題，提前思考解決方法；此外，我也會將過往學員的反饋整理為寶貴的教學資料，用來調整和完善我的教學內容。」

MAMU 以編織提供一種自我療癒的方式，無論是培養新興趣的學生，或是尋求心靈慰藉的上班族，都能在此自由探索並獲得療癒。透過編織，Mumu 邀請每位來訪者放慢步伐，將編織轉變為一場內在冥想、一次深刻對話，以及一次與自我的真實相遇。

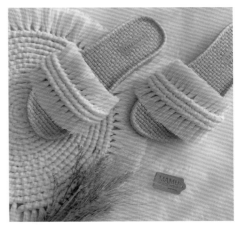

圖：MAMU 希望大家能從課堂中獲得療癒自己的新能量，讓自己重新站起來

給讀者的話
人生本是一場體驗，不必用來演繹世俗所認定的「完美」與「成功」，即使面對生活的不如意，願我們都能擁有「自癒」的能力。

品牌核心價值
療癒自己、療癒生活、進而療癒他人！讓 Macrame 自然融入生活中，提升生活美感。

經營者語錄
創業即是一場自我對話的旅程，跟隨自己的步伐，學習在失敗的經驗中找出方法。

MAMU 麻木生活療癒所
Facebook：MAMU X 麻木生活療癒所
Instagram：@mamu_macrame
產品服務：編織教學、商品訂製、居家佈置

圖：將初堅持使用天然食材，所有產品均是經過嚴謹研發的獨門配方

一間賣滷味的甜點店

不少人邁入中高齡後往往選擇留在舒適圈，而逐漸淡忘過去的夢想，曾從事科技業的黎宸華卻不以年齡為障礙，2019 年，已是 45 歲的她，與從事護理工作的好友張晏妊，共同創立一間結合家傳滷味與自研甜點的獨特餐飲品牌「將初」，以健康與美味兼具的特色餐點，贏得眾多饕客的喜愛。

獨樹一幟的湖南風情滷味與健康甜點

科技業與護理醫療產業都是高壓且繁重的產業，黎宸華和張晏妊都深感各自行業的局限和壓力，促使她們開始尋求改變，決定一起創業。將初一開始只以英式司康為主，但由於烘焙門檻因網路普及而降低，黎宸華開始尋求更有特色的創業方向。她想起父親生前時常做具有湖南風味的家常菜，為了再度品嚐這個記憶中的美味，她與張晏妊重新研發，將重辣的湖南口味改良成適合大人小孩入口的「不辣的湖南冷滷味」，並加入將初的產品品項，從而孕育出「賣滷味的甜點店」之概念。

談起將初滷味的獨特之處時，黎宸華說：「父親當時從大陸逃難來台，一直懷念家鄉的味道，便開始自己動手做滷味。他的食譜帶有濃厚的家庭情感，從他過世後，我總想延續這個味道，將這份記憶分享給更多人。」

台灣大多數的滷味都是將所有食材，放入一大鍋滷汁中烹調至入味。然而，將初卻是根據不同食材選擇不同滷法，以保留每種食材的獨特風味，確保食材不會被過度調味，更能吃到食物本具的美味。儘管這種製作方式更為費工，但獨特的美味也讓不少饕客聞香而來。

將初不僅在滷味上提供創新的飲食體驗，更承載堅定的健康飲食理念，研發甜點初期，黎宸華曾考慮是否迎合市場的大眾口味，譬如使用較高甜度、更濃郁的香氣或鮮豔的色彩吸引消費者，但她和張晏妊最終一致認為，這樣的做法與她們的創業初衷背道而馳。

將初堅持使用天然食材，不添加任何化學物質和人工香精。這一策略初期確實帶來不小挑戰，黎宸華解釋：「市場上許多甜點皆使用香精和添加劑，使得消費者漸漸忘記食物的原始味道。」因此，當消費者初次嘗試將初甜點時，往往會覺得口味較為平淡，黎宸華便會與消費者說明天然食材之原始色澤和味道，以提升顧客對健康甜點的認知和接受度。兩人花費近一年才讓顧客慢慢接受不使用人工香精和化學添加物的益處，隨著人們越加重視養生和食安問題，將初漸漸獲得了顧客的信賴。

圖：將初滷味獨具特色，吸引不少饕客聞香而來，並有真空包裝能宅配運送

年齡非阻礙，勇敢創業發現人生新風貌

　　回顧 45 歲毅然決定創業，不少人都認為黎宸華下了一步險棋，但對於這個決定，她卻相當堅定、不曾動搖。黎宸華說：「當你擁有一個夢想時，你需要實際行動實現它，不應只是停留在想象中。」創業初期，黎宸華決定給自己一年的時間嘗試，她沒有花太多時間自我內耗或焦慮，而是把所有的能量都用於創業上。「創業有可能會成功，但也有可能會失敗，我認為不需要無謂的內耗或焦慮，就算失敗了也必定獲益良多。」她說。

　　黎宸華鼓勵人們無論年齡為何，都應該勇於追逐自己的夢想，並且不該用任何藉口推延行動。她以自身為例，即使 45 歲，也能持續探索發掘自己的專長與熱情，並勇敢跳出舒適圈，從中發現不同面貌的自己，為生命帶來更多精彩；更重要的是，「唯有行動，才不會讓未來的自己有任何後悔的可能。」

圖：為分享美味與健康的飲食理念，將初時常參與市集活動

圖：減糖卻不減美味，將初以天然食材和無人工添加物的特色，守護消費者健康

品牌核心價值

　　所有產品均經過嚴謹研發，堅持獨門配方，不複製模仿他人。堅持使用天然食材，拒絕使用任何色素及化學添加物，致力於提供消費者健康的飲食體驗。

給讀者的話

　　不要為自己找藉口，無論年齡多大，都應把握當下，勇敢追夢；擁有想法後，立即行動，必然會有收穫。生命無法重來，切勿讓夢想僅是空想。

經營者語錄

有夢想就應該勇敢嘗試，不要害怕失敗，無論成功或失敗也都是人生的一部分。

將初

店家地址：台中市太平區樹孝路 274 巷 41 號
產品服務：家傳滷味、鹹派、英式司康、
布朗尼和肉桂捲等甜點

聯絡電話：0937-684-227
Instagram：@johnjohn_eat
Facebook：將初

圖：VPM 幫助人們深度探索內在，重新尋回生命的美好樣貌

深度探索內在，遇見更美好的自己

「覺得自己不夠好」、「不知道怎麼表達想法」，「不管做再多還是覺得不快樂」，你的內心是否時常出現這些雜音呢？它們像是一層無形的網，限制了你的行動與思維，無法活出本自俱足的喜悅與豐盛。擁有戲劇與歌唱天賦的新生代歌手葉柔，2023 年開創「VPM 系統」（Vocal Performance Method），結合戲劇表演學、神經語言科學、認知科學，成功引導來自各行各業的人深度探索內在、改善負面情緒與兩性關係，並優化職涯發展和人際溝通，幫助人們重新尋回生命的美好樣貌。

表演即生活，感受自己並發現自我巨大潛能

藉由 VPM 協助人們提升內在潛能，對葉柔而言是個驚喜的意外。過去她教授歌唱表演多年，不少學生上課後，發現自己不僅歌唱技巧顯著提升，也連帶改善人際關係、增加好桃花，甚至獲得職場晉升和更高薪酬。這些反饋引發葉柔的好奇，她開始探究其背後的原因，並歸納整理為一套以人為本的教學方法，進而創立 VPM 系統。為什麼學習 VPM 和表演就能帶來如此巨大的改變呢？葉柔說：「表演就是生活，也是一種人與人交流的方式，學習表演可以幫助人們看見自己，了解究竟什麼才是自己真正所需，進而在過程中獲得新的能力。」

參與 VPM 課程的學生來自不同領域，包括醫生、業務主管、治療師、社工師、活動策劃人員等等，儘管每個學員對課程的想像和需求不盡相同，但回歸到如何理解「人性」的本質，學員們都大有所獲。有些企業管理者苦於不懂顧客樣貌，業務遲遲無法順利推展，因此尋求葉柔的協助，課程中她請管理者扮演客戶，當管理者改從顧客的角度來看事情，突然間問題的解方變得清晰，企業端更了解該從哪個環節著手改善問題，移除阻擋組織前進的障礙。

儘管每個學員的需求都不同，VPM 仍能依據各式需求設計課程，回應學員想改善之處。葉柔說：「所有練習的重點跟核心都是在於『感受自己』、『找到自己的優勢』，以及『感覺別人』，光是透過這個練習，就能產生非常大的差異。」在當今社會，不少潛能開發課程都強調，必須深入挖掘心中的陰暗角落，才能實現個人成長，對此葉柔持有不同見解。她認為，內在開發不必然伴隨痛苦的淚水，或是刻意挖掘每個人心中最脆弱的部分，用讓人感覺舒適、輕鬆的方式進行，就達到課程的目標。

　　深受傳統文化影響，不少人都深信「天將降大任於斯人也，必先苦其心志，勞其筋骨。」似乎要獲得任何成就，都必定得經歷各種磨難。此種「先苦後甘」的刻板印象，葉柔也提出反思，「為什麼不能開開心心，就獲得好結果呢？這種以苦為榮的觀念，正是華人文化中的枷鎖。」在她豐富的教學經歷及個人實踐中，她發現，在快樂和正面的情境中，一樣能帶來巨大的正向改變，她總讓學員在參與課程時，感受到過程愉快且不費力，潛移默化中改變思維，並獲得提升內在的能力。

　　除了增加自信、改善表達能力，VPM 應用層面相當廣泛，不僅能增進工作表現，也能更深層地對個人發展和心理健康發揮重要作用，甚至對創傷後壓力症候群（PTSD）也有顯著效果，葉柔曾協助一位因嚴重車禍影響嗅覺和味覺，而飽受 PTSD 困擾的學生，學生即使在街上行走，也會感到極度緊張。儘管他曾尋求醫療協助也有藥物治療，但仍對未來可能需要開車，而擔心不已。在 VPM 課程中，葉柔引導學生重新體驗開車的情境，有意識地讓身體與內在建立溝通，幾次練習後，學生對於開車的恐懼就獲得不小改善，也有勇氣報名駕訓班。

圖：VPM 創辦人新生代歌手葉柔

圖：蘊含表演學與神經語言科學的 VPM 系統，學員們在過程中能更深入地感受自己並察覺內在變化

讓本自具足的美好特質閃閃發光

作為一名公眾人物，葉柔擁有高度名氣，但也伴隨不小的挑戰，尤其網路的匿名性和即時性，常常使公眾人物成為批評和攻擊的目標。透過實踐 VPM 的內涵，葉柔顯得充滿底氣且自信，總給人一種大無畏的感覺。

她認為，真正的自信源於認識自己跟接受自己的各種面相。「當你真正了解自己，知道自己的優點和限制，就能更好地利用自己的天賦與能力。」儘管某些時刻或場景，無法控制外在人事物的變化，但她相信，當人們接受自己的面貌，並學會在不同情境中展現最真實的自我時，便會從中獲得快樂，而在當下也能感受到自信帶來的正面能量。

學習潛能開發或提升內在，從不意味著要將自己改造成一個截然不同的人，VPM 系統更像是一種除去阻礙人們發揮所長的絆腳石，讓本自具足的美好特質能閃閃發光。

圖：在輕鬆愉悅的氛圍中學習，VPM 成功幫助不同領域的學員獲得新能量

　　葉柔表示，社會有時會讓人覺得必須遵循某種方式才是正確的，但是當人們開始擺脫這些枷鎖，他們不僅停止了內耗，還會變得更加活躍和有目標。VPM 系統創立僅僅一年，就成功幫助上千位學員，讓人們發現原來快樂是如此容易。未來葉柔計畫將 VPM 更加完善且系統化，幫助不同領域的人，從中發展新能力，輕鬆快樂地享受生命的各種樣貌。

品牌核心價值
以人為本，尋回獨一無二的自我、創造無可取代的價值。

經營者語錄
你不用成為任何人，你將找到自己最閃閃發光的樣子。

給讀者的話
還給自己一些時間，聽聽內在的聲音，你會發現你需要的、你渴求的其實都在你的身上。

VPM
Instagram：@vpmmind
產品服務：潛能開發、提升內在、企業訓練、輔療課程

圖：汪德佛以飼主和寵物之間的互動為核心，每次使用商品都能更輕鬆，享受生活中那份簡單跟美好

感受生活：「WANGDEFO 汪德佛」的日常美好提案

對每位飼主而言，汪喵不僅是寵物、家人，更是心靈的療癒者。每一次的搖尾迎接或溫柔對視，都能感受到寵物無條件的愛與忠誠，讓平凡的日常，瞬間成為值得珍藏的寶貴回憶。2022 年創立的「汪德佛寵物選品店」與一般寵物用品店有所不同，更重視人與寵物的互動性，透過產品的設計感、功能性與舒適度，關注每一個細節，致力於在日常場景中打造美好氛圍，使寵物用品成為人與汪喵的幸福媒介。

兼具設計感與功能性的高質感商品，發掘生命的吉光片羽

汪德佛由喜愛動物的 Stanley 和 Joyce 共同創立，創業靈感來自於他們的愛犬比熊 Kuma。自從在狗腳印幸福聯盟領養 Kuma 後，Joyce 開始對寵物用品產生濃厚興趣，她表示：「Kuma 是一隻很喜歡互動跟打扮的狗，很喜歡玩耍時那閃閃發亮的眼神，讓日常都變得有趣起來！」她遍尋國內外的寵物相關用品、玩具、服裝，希望讓寶貝 Kuma 每一天都過得舒適愉悅。

Joyce 發現，儘管市面上的產品琳琅滿目，但兼具實用性、設計感和生活情境結合的商品卻不多。因此她希望創立一個品牌，以飼主和寵物之間的互動為核心，每次使用商品都能更輕鬆，享受生活中那份簡單跟美好，不僅只是日常生活的精彩，更是生活氛圍的延續！最初，汪德佛從飼主與寵物的親子衣開始，隨後增添其他品項，像是寵物嗅聞墊、寵物鞋、寵物防水牽繩等等，滿足寵物和飼主的多元需求。其中，寵物嗅聞墊是 Joyce 花費不少心力才挑選到的優質玩具，這類型的玩具是將零食藏在不同設計造型的布料中，透過嗅聞去找尋食物，不僅能刺激犬貓的好奇心，保持活力，還能減壓並釋放多餘精力，有助於正向行為訓練。

圖：寵物嗅聞墊能幫助汪喵大大釋放精力，減少焦慮

　　近年來流行 Matchy Matchy 親子裝，既有愛又兼具時尚，同樣也流行到飼主與寵物身上，穿搭是表現個人風格的一種方式，主題的不同也帶來更多連結，彰顯彼此的情感，創造更多樂趣。汪德佛的寵物親子裝帶有獨特個性，也有因應不同需求挑選的機能性服裝，如防曬衣、衝鋒衣、雨衣等等，每一季粉絲都相當期待親子衣上架，與汪喵一起穿上各種風格服飾，無論出門散步或是公園玩耍，都能探索生活的不同樣貌。

圖：共同創辦人 Stanley 與 Joyce 及汪德佛 Logo「愛犬比熊 Kuma」

職人共創，打造獨家優質商品，探索生活多樣面向

　　此外，汪德佛也與職人合作，共同推出寵物香氛和護身符。Joyce 表示，最初推出護身符時，只是因為過年結合台灣祈福文化的意義，許多飼主都會更換護身符，同時期望自家毛孩能健康快樂。Joyce 說：「當初沒有想到護身符會如此受歡迎，推出後市場反應相當好，這驅使我們繼續創新，我相信所售的不僅僅是商品，更是一種職人精神。」

　　第二年，汪德佛進一步升級產品，加入親子概念，並使用國際精品級的天然植鞣皮革手工製作，為護身符增添了更多質感，汪德佛將西方「幸運餅乾」意象與東方祈福文化結合，縫入大甲媽祖壓轎金，並經過繞香爐祈福，期盼能為毛孩們帶來更多護佑。人們購買護身符的理由不一，有的飼主是為了幫患病的汪祈求健康，也有人希望調皮的狗狗能變得更乖。還有收到寵物護理師分享，認為結合祈福的概念，不僅為毛孩帶來福佑，也讓自己工作時倍感安心。

　　在每隻幸福的汪喵背後，飼主也同樣值得被寵愛。如今，人們越來越注重居家生活品質，儘管上班相當疲累，但回到家中，有了心愛的汪喵陪伴，往往能滌除一日的辛勞。若能透過香氛療癒彼此，也能為汪喵和飼主帶來更多幸福感，因此今年汪德佛也推出台灣原創手作香氛蠟燭，期望用天然香氛來打造質感生活。

「我們希望每一位消費者在使用商品時，無論當天是好心情或壞心情，都能沉浸在當下，享受每一個時刻、每一個當下和每一個夜晚。」Joyce 說道。選用天然有機的大豆蠟燭為基底，並搭配環保的木芯底，通過「IFRA 國際認證標準」，不僅對寵物友善，也讓家中每一位成員都能在舒適的環境中放鬆身心，汪德佛提供多種香味選擇，攜帶也相當方便，非常適合外出露營或旅行使用，打造視覺與嗅覺的雙重享受！

上排圖：具有平安健康寓意的寵物護身符，為汪喵帶來神明的護佑
下排圖：享受香氛可不只是大人的權利，汪德佛的香氛蠟燭讓寵物與小孩都能安全享受

從選品開始，為毛孩把關健康與安全

　　隨著寵物產業市場的快速擴展，寵物用品安全衛生或品質缺陷事件也層出不窮。Stanley 指出，與生育相比，越來越多的人更傾向於養寵物，這雖然帶來了龐大的商機，但也帶來了品質控管的挑戰。他注意到，一些業者在追求快速利潤的過程中可能忽略產品品質和細節的重要性，反而對寵物健康安全造成威脅。

　　Joyce 過去曾在市集購買手工製作領巾，儘管領巾沒有接觸水，卻仍舊褪色，讓愛犬脖子毛色沾染一片藍色，最終不得不剃毛以防愛犬舔到有害物質。這促使她時刻提醒自己，在選品時必須再三審視，並與有相同信念的夥伴合作開發商品，以給予消費者最佳的品質保證。

　　當市場上其他品牌快速更新產品時，Joyce 也會感到焦慮，但她始終認為產品品質和安全性比利潤更為重要，因此，儘管汪德佛的步調較為緩慢，但她堅信，唯有穩扎穩打，踏實走好每一步，才能保障汪喵的安全，讓品牌有永續經營的可能。

圖：喜愛動物的 Joyce 和 Stanley 深信，在利潤之前，必須將動物的安全與健康擺在首位

品牌展望：愛你所做，更要做你所愛

　　汪德佛僅在市場上發展兩年，已吸引許多與品牌理念相符的消費者，收穫不少忠誠粉絲。寵物市場雖商機無限，但 Joyce 也提醒，創業不僅在於選擇合適的賽道，也在於應對各種挑戰的勇氣。她說：「最重要的是要對你所做的事業充滿熱情，因為只有熱愛，才能在面對無數挑戰時，仍舊保持前進的動力。」

　　Stanley 則提出另一個觀點，他認為在創業前，必須謹慎評估自己的時間、精力和資源，再決定是否全職創業或先以斜槓開始。「創業不只是追逐夢想，更要面對現實的考驗。夢想固然豐滿，但現實往往更骨感，只有謹慎評估後，才更能穩健踏出第一步。」Stanley 說明。

　　寵物不僅是生活的一部分，也為我們的生命中增添了樂趣和意義。展望未來，Joyce 和 Stanley 希望能給予消費者更優質的消費體驗，持續擴展各種產品類別，他們正積極尋找優質的貓用商品，並與各行業的職人合作，以確保產品的品質和多樣性。同時，他們也計畫下半年在台北開設實體複合式空間，讓飼主能親自體驗汪德佛的產品，感受到選品的用心。

　　未來，他們還將針對寵物高齡化問題邀請獸醫，提供健康知識和服務，在持續擴展產品類別的同時，汪德佛將努力成為一個全方位的寵物品牌，不僅提供優質商品，更會打造一個活潑的品牌生態圈，為飼主和寵物帶來更加豐富、美好的生活體驗。

品牌核心價值

　　在日常中提供舒適度與設計感兼具的單品選擇，打造出主人與寵物間的個性與魅力，
讓平常的互動，成為生命中最美好的回憶，期待大家——
都可以在 WANGDEFO，找到你與汪生活中的精彩。

給讀者的話

　　如果你想要創業，請先找到自己喜愛的事物，然後，不用預設太多立場，做就對了，耐心跟堅持很重要，還要有抗壓性，從實作中邊做邊學，一定會有收穫！

經營者語錄
創業者走得多慢都無妨，只要你不停下腳步。

汪德佛寵物選品店
Instagram：@choosing_wangdefo
產品服務：犬貓服飾、玩具、香氛等日常相關選品

官方網站：

圖：透過成長過程的經驗，沈鉑翔鼓勵創業者專注，按部就班思考與實踐

肉圓批發優質首選，吃出品質與信任的好滋味

近年來，食品安全議題日益受到人們關注，直接關係到每個家庭的健康與幸福。然而，在現代社會快速發展的背景下，食品供應鏈變得越來越複雜，食品安全風險也相應增加，顯示出食品安全對大眾生活的重大影響。因此，提升食品安全意識、選擇可信賴的食品商家，需要政府、商家和民眾共同努力，以建立安全健康的食品環境，這是每個人都不能忽視的重要議題。位在桃園平鎮的本根源食品有限公司，秉持著對食品安全的初衷與重視，致力於延續代代相傳的美味，從原味肉圓、麻辣肉圓到紅麴肉圓，皆使用天然原料，並堅持高標準製作，讓飄散於口齒間的香氣，得到最實在又安心的昇華。

持續傳承與延續的匠心風味

「我從事這份工作有三十五年了，從 5 歲那年起。」本根源食品有限公司創辦人沈鉑翔堅定地說。現年 40 歲的沈老闆，對於年幼時看著父母忙碌於製作傳統肉圓的景象，依舊歷歷在目，老一輩辛勤工作的模樣，始終刻印在他的腦海中。沈老闆回憶：「肉圓是我們的家族事業，在我 5 歲以前，我只能靜靜地在一旁觀看，雙手模仿著他們製作肉圓的動作，後來在耳濡目染下開始有了更多的接觸和學習，偶然間父母發現我能幫得上忙，便讓我放學回家、放下書包後，一起幫忙工作到晚上 9 點。」

這一投入，便是一輩子。沈老闆表示，自己所製作的是從父母親那傳承下來的肉圓，其實也是一份對於用心及專注的堅持。「時下年輕人總是喜歡經常性地更換工作，想找到更好的，但是不願專注去做一件事情，這樣非常容易白忙一場，我認為專注於一件事，不僅可以磨練堅韌不拔的意志，也能夠更進一步地達成想要的目標。」

沈老闆的話語，完整體現在他的所思所行上。2022 年 10 月，他以職人精神創立本根源食品，期望能將最優質的匠心風味帶入更多消費者的飲食生活當中，讓大眾每天都吃得安心、健康又美味！

圖：本根源食品主打原味肉圓、麻辣肉圓、紅麴肉圓，並提供宅配、團購和批發服務

圖：堅持選用新鮮又天然的食材，在每個生產環節都嚴格把關，確保每一顆肉圓都達到最高標準

從原料到餐桌，嚴謹堅守食安承諾

　　近年來，食安議題越加嚴峻，而這也與沈老闆的創業初心相互呼應，他提到：「我創業的初衷很簡單，我只想做我自己也敢吃的東西。」秉持著對食材品質及安全性的高度關注，本根源食品採用全天然原料，堅持高標準製作，絕不添加防腐劑和色素等食品添加物，並且選擇新鮮的台灣在地溫體豬肉為主料，使用經過濾水器設備過濾的淨水烹煮食材，真誠實踐「本根源」以人為本，注重消費者健康的首要理念。

　　對此，沈老闆更進一步提及台灣人長年的飲食習慣，談起不知不覺中正在摧殘國人身體健康的化學用料，並指出其中潛藏的健康損害。「台灣是洗腎王國，這根源於長期食用的食物，導致慢性中毒，例如：甜辣醬、醬油等包含食用化學澱粉，又稱為『修飾澱粉』的食品。這些食品雖然不會直接對人體造成傷害，但若形成飲食習慣，堆積的損害相當可觀，令人擔憂，然而人們每天仍在食用。」作為肉圓批發廠商，沈老闆積極負起把關源頭的重責大任，也努力向店家、消費者傳遞食品安全的根本意識，他深知，建構起一個能夠安心飲食的環境，著實需要社會上多方的共同努力才有望達成。

　　目前，本根源食品主打原味、麻辣及紅麴三種口味的肉圓，外皮Q彈，帶有淡淡的地瓜香氣，內餡則充滿濃郁的肉香和豐盈的肉汁。這份來自「庄腳囝仔」沈老闆的古早家鄉美味，經由他悉心經營，期待有朝一日能夠發揚光大，並將這道傳統的美味一代代傳承下去。

認真看待每一件事，用心擁抱每一個細節

成立將近兩年，本根源已逐漸在市場中站穩腳步。談起經營守則，沈老闆深有感觸地表示：「我認為想要永續經營事業，仍須回歸到產品本身，包括：嚴謹用料、挑選品質。讓大家接受自家產品需要一段時間，但只要一開始做對的選擇、正確的事，相信品牌的用心終會被大家看見。」

認真看待每一件事，用心擁抱每一個細節，是沈老闆事業上的基本要求，更促使本根源食品在短短兩年間便贏得了廣大顧客的信賴和支持。關於細節上的執著，他坦言：「衛福部人員前來稽查，我們心存感激。他們著眼於過去台灣社會已發生、需要被杜絕或改善的事件，督導我們並提供建議。人一天的時間有限，我們專注於生產製作，無法一直專心收集這些資料，衛福部人員的幫助讓我們做得更好，共同打造優良的環境。」

未來，本根源食品將以台灣溫體豬進行加工販售豬大腸和滷大腸，期盼能夠進一步拓展產品，滿足更多顧客的需求。屆時除了美味的肉圓，也將會有更豐富而多樣的美食選擇，為顧客帶來更多味蕾上的驚喜。

圖：沈鉑翔指出，若期望品牌與產品持續發展，則必須不斷精進，才能留住消費者的心

品牌核心價值

來自桃園平鎮的本根源食品有限公司，秉持一份對於食品安全的初心與重視，致力於延續代代相傳的好味道，從原味肉圓、麻辣肉圓到紅麴肉圓，皆使用天然原料高標準製作，為消費者帶來品質與安全兼具的飄香好滋味。

本根源食品有限公司

公司地址：桃園市平鎮區民族路雙連二段 118 巷 51 弄 10 號

聯絡電話：0938-227-197

官方網站：https://www.bgyfood.com

Facebook：本根源食品有限公司肉圓批發

圖：Off day 假期日，主打質感、簡約衣著，致力於為現代女性提供能展現其獨特個性和生活態度的服裝

穿越質感與簡約之美，發現生活的美好嚮往

在熙熙攘攘的都市生活中，你我為了生活願景而不懈打拼，每日穿梭在擁擠的街頭，帶著勇氣追尋夢想，一步步形塑屬於自己的故事。在這個過程中，服裝不僅是我們的選擇，更是個性和態度的反映。服裝品牌「Off day 假期日」便懷抱著這樣的理想而誕生，期盼以質感和簡約之美，陪伴所有為人生努力的女孩們，在每一個忙碌步伐的間奏裡，成為嚮往中最美好而獨特的自己；因為，在日常的奔波中，每個人都值得擁有如同放假的那麼一刻，充滿愉悅和期待。

從醫護前線到時尚前線，護理師的勇敢與蛻變

「在被安排的人生中，一直有無法自由追夢的遺憾，因此，後來我毅然決然地離職，建立我嚮往的服裝品牌。」Off day 假期日主理人 JaJa 以明晰而有條理的口吻，訴說那個始終深藏在心底的夢想。來自單親家庭，JaJa 的母親對她充滿關切，也寄望她在未來的路上走一條相對安穩的道路，護理師這份職業是其中之一，JaJa 不疑有他，踏上了母親為她選擇的護理系，並在畢業後成為一名護理師，投身於大醫院，在兒童病房一待就是九年。

然而，九年間，JaJa 心中的那個遺憾終究無法抹除，或許就是如此巧妙吧！2020 年世界迎來了一場疫情，JaJa 回憶著說：「當時兒童病房全部關閉，我主動到前線 Covid-19 專賣病房工作，那段時間讓我意識到人生有任何想做的事，一定要立即行動和實現。加上疫情期間由於某些事件，我對護理環境感到失望，因而心態上開始動搖，決定不再依照媽媽為我安排的人生走下去。」

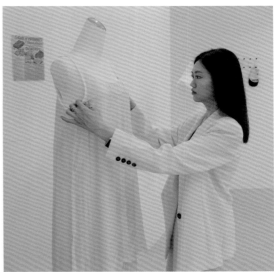
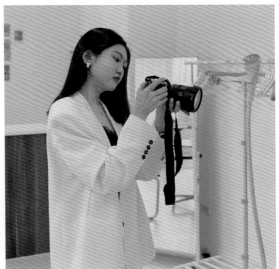

圖：過往的護理師工作時常需要單打獨鬥，JaJa 至今仍在調適和學習，放慢腳步、傾聽需求，建立一個堅實的服裝品牌團隊

JaJa 在疫情看見曙光之後毅然決然離職，拾起了高中時期對於服裝設計的熱愛和興趣，憑藉自身對服裝的認識及研究，開始創業，建立屬於自己的服裝品牌。

兩年多過去，JaJa 雀躍地說，品牌已取得一些小成績，只可惜家人依然因不長久、不穩定的緣由不予以支持；不過，她並不為此感到氣餒，如同面對客人一樣，每個人都能擁有自己的喜好和想法，JaJa 亦表示，創業從來不會是穩定的，但只要清楚目標，堅持初衷，盡善盡美，有天這一篇章必能有嶄新的一頁。

圖：Off day 假期日以多元風格，展現不同的簡約與優雅

服裝有其生命：願以多元風格綻放真實自我

　　每個服裝品牌皆有自己的訴求與理念，Off day 假期日也不例外，與其說它是個服裝品牌，其實它更像是一種生活態度。「我始終堅持服裝的質感，無論它是何種風格、是否經典，都希望它能發揮出最大的價值，因為每一件服裝都有它的生命，穿上它不僅能看出一個人的品味，更可以反映出這個人的性格和對生活的觀念。」JaJa 以自己的見解，談起服裝之於每個人的意義。

　　正如同每個人都有自己的獨特，Off day 假期日亦不設限於消費者的年齡和族群，秉持服裝的質感和簡約，精選出衣著的多元性，更藉由不一樣的販售形式：韓國連線、選品系列、出國代購，讓各種風格的女孩都能找到對應其喜好的服裝穿搭。JaJa 提到：「Off day 假期日的風格多元，如同我自己，個性百變，穿搭風格也會隨心變化，個性、甜美、運動，穿什麼風格我不設限，因為每一種風格都是我，展現的是我不同面向的個性，所以也希望能不斷為客戶帶來新穎和變化。」

圖：正如同每個人都有自己的獨特，Off day 假期日亦不設限於消費者的年齡和族群，
讓各種風格的女孩都能找到對應其喜好的服裝穿搭

創業，是一場孤獨加上無比的決心

　　隨著台灣人口開始邁入超高齡化，社會對於醫護及長照領域專才的需求也日漸提升，JaJa 離開了人們所說的「鐵飯碗」護理職，投入一個較不穩定、取代性更高的創業項目，而她全然知曉這一切，對此亦毫不畏懼。

　　對於和她一樣想投身創業的人士，JaJa 語氣堅定地分享個人看法：「創業是一條非常孤獨的道路，必須擁有無比的決心，保持這份熱情持續做下去；但若是無法孤獨、無法堅持、沒熱情、容易玻璃心的人，就不太適合走這條路，光鮮亮麗只是表面的 20%，背後仍有 80% 的辛苦未曾被看見。」JaJa 道出的或許正是許多創業家的真心話。

　　夢想在飛馳，不斷地超越一個又一個里程碑。對 JaJa 來說，創業之路充滿了挑戰，也迎來無盡的動力；這是一個充滿機遇和可能性的時代，而她正身臨其境，將自己的理念和創意付諸實踐，在這個精彩的旅程中，她將帶領著 Off day 假期日服裝品牌繼續追逐夢想，創造屬於自己的精彩人生。「未來我們希望可以朝實體店著手準備，期待不久的將來就能和大家見面！」JaJa 充滿自信地說。

圖：JaJa 期待未來能在實體店與大家見面

品牌核心價值
Off day 假期日，主打質感、簡約衣著，致力於為現代女性提供能展現其獨特個性和生活態度的服裝。透過我們的衣著，願為每位女孩帶來舒適與自信，成為生活中最美麗的一段假期故事。

經營者語錄
想都是問題，做才是答案。

給讀者的話
有時候我們所想的未必會發生，往往是實際行動後才發現真實問題之所在，與其想，不如著手進行來得快！

Off day 假期日
聯絡電話：0987-204-922
官方網站：https://www.offday091.co/

Facebook：Off day 假期日
Instagram：@offday91

亞德曼科技工作室

圖：位在桃園中壢，玻璃貼專家 ADAMANT 亞德曼坐落熱鬧又顯眼的路口

品質至上、恆久價值，帶來嶄新的生活體驗

在這科技發達的時代，手機配件與充電產品早已成為人們日常生活中不可或缺的必需品。隨著手機功能的不斷擴展，各種配件應運而生，其中，玻璃貼和充電產品更是妥善保護手機螢幕，並且維持其便捷和高效的關鍵所在。位在桃園的亞德曼科技工作室，秉持卓越，注重細節，透過業界十餘年的經驗，將手機配件如玻璃貼以及充電頭、充電線、轉接器等充電產品不斷創新，為消費者帶來便利又美好的全新科技生活體驗。

當陳老闆遇見林姐：有緣攜手來創業

年僅 27 歲，經營亞德曼科技工作室多年的陳老闆，十分健談地與我們分享他的創業歷程，那是一段來自青春歲月，夢想正要起飛的故事。「高中在餐廳打工時，認識了啟蒙我走上創業道路的老闆『林姐』，她擁有相當豐富的商業經驗，再加上自己的人生經驗，她非常樂意協助年輕人創業，便問我有沒有興趣從事這一領域的工作。」第一次接觸手機周邊配件，最初是為了熟悉商品，陳老闆僅在就學期間於校園裡販賣，對象是學校同學，畢業後才正式踏入林姐的實體門市上班。

然而，時間來到 2017 年，市場悄悄地發生了變化。陳老闆回顧：「前身是配件達人專賣店，當時我們已有八家實體門市，而市場上開始出現標有『改裝前大出清』這類想削價競爭的店面，並且充斥著劣質商品，我們便思考，若這產業走到最後都是價格戰，在這網路發達、資訊爆炸的時代中，我們又該如何生存下去？」陳老闆告訴林姐，他想創立品牌，並且做出差異化，如此一來或許可避免被市場淘汰的可能性。

圖：以親切又實在的態度，服務每一位來店光臨的顧客

　　於是，透過多年的業界經驗，陳老闆重新思考品牌與產品的方向，成立了亞德曼科技工作室，考量手機保護玻璃貼幾乎是所有手機持有者必備，淘汰率低，且當年的市場佔比尚未如手機殼來得熱絡，因而選擇專攻玻璃貼領域，期盼為台灣的手機配件市場帶來新氣象。

圖：亞德曼玻璃貼的好品質有目共睹，甚至吸引了一批長年的忠實顧客，自然迎來許多盤商的代理合作邀請

拒絕盤商代理，致力改變削價市場生態

「創業最困難的部分，在於產品的穩定性跟 MOQ，我們從香港展會到拜訪工廠，一間一間地跑，從開膜、開料到品檢包裝，每個步驟都去參與了解，再找工廠不斷地嘗試配方、製程，並且說服大廠做我們的 background。」從了解玻璃貼的專業製程、規劃產品屬性到確定投入生產，花費陳老闆兩年以上的時間。

為訴求最高標準，當業界皆以 SGS 認證為保護貼的承重指標時，他不僅申請 SGS 認證，更買回檢測機器自行測試承重，並且在實體門市擺放模板，提供顧客在選購前以扳手試壓玻璃貼。「市售玻璃貼最脆弱的是邊角，大家的玻璃貼中心點皆可敲釘子或鑽電鑽，唯獨不能用鑰匙扳手壓邊，無論是 30 元還是 1980 元都一樣，只有亞德曼提供客人在選購前用扳手壓玻璃貼的邊緣，真正把產品特色轉化成消費者利益，硬不是嘴巴說說，你也可以來試試！」

亞德曼玻璃貼的好品質有目共睹，甚至吸引了一批長年的忠實顧客，自然迎來許多盤商的代理合作邀請。「為了避免不健康的削價戰和破壞市場價格的可能，並維持產品應有的最佳品質，我拒絕了盤商，希望由自己全心全意地投入，帶來最好的產品體驗。」陳老闆談到。

秉持最高標準，打造領先產品：手機配件、玻璃貼、充電配件

　　擁有十一年實體銷售經驗，迅速匯集第一線資訊，給予消費者相對符合市場的產品，近十年來，亞德曼科技工作室不僅生產了可承重 45 公斤、藍光遮蔽率高達 60% 的「iPhone 業界最強抗藍光 12H 滿版玻璃保護貼」，更匯聚經驗與專業，精心挑選優質商品，特別是，針對每位科技使用者不同的充電需求，亞德曼科技工作室領先全台業界，率先推出「35 瓦氮化鎵充電頭」，解決充電頭過熱的問題，一推出即深獲消費者喜愛。

　　陳老闆表示：「這款 35 瓦氮化鎵充電頭與 iPhone 15 Pro Max 的規格相同，然而，我們早在 15 Pro Max 上市以前，從 2022 年底開始開發，並在 2023 年的 5 月上架販售，當時市售僅有 33 瓦規格，也提早 9 月發表的 15 Pro Max 好幾個月，可謂超前部署！另外，亞德曼也推出傳輸速度極快，採用 USB3.2 和 100 瓦的『雙 Type-c 超導 100w E-mark 編織數據線』充電線，充電速度更加迅猛，使用體驗更加順暢。」亞德曼科技工作室所有產品皆對標大廠牌，且授予一年之保固期。

　　談到用心引進高品質產品，陳老闆坦言，每個人，包括他自己，都喜歡使用好的產品。身為經營者，他深知品質的重要性，因此亞德曼科技工作室一直秉持著對品質的堅持，只為消費者提供最優質的選擇，目前販售各類手機貼膜、充電線、充電頭、手機殼等配件類商品之零售與批發，除了實體店面，亦開設亞德曼科技工作室之網路商城。

圖：亞德曼科技工作室主打玻璃貼和充電頭，兩者皆為「業界最強」高規格產品

給創業者的經營忠告——永遠不以價格留住客人

在創業的旅程上，前輩的經驗和智慧，往往能為創業者指引方向，幫助其避免許多可能犯下的錯誤，深具極高的經驗價值。對此，陳老闆也以自身經驗，分享多年來的經營心法給新進創業者。

他強調：「永遠不要以價格來留住客人，他們會因為價格來，也會因為價格走，與其打價格戰，不如提升產品的品質，從頭到尾能留住客人的只有產品的本質，這才是最重要的。」不為換取一時的市場，而陷入削價競爭的遊戲，陳老闆成立品牌的初衷未曾改變，他更笑著說：「我不敢賣不好的東西，因為我害怕賣不掉。」如同陳老闆所言，唯有真正贏得客戶的心，才能為品牌的長遠發展打下堅實的基礎。

關於未來，陳老闆充滿信心地說：「手機配件就是快流行，每年都會隨著新的手機、新的科技推出不同的產品，也會在快流行當中慢下來，貫徹『不怕貴、怕不夠好，夠好、也不賣貴！』，去年 12 月結束經營六年的蝦皮商城，推出全新官網將蝦皮抽成以活動回饋給消費者！永續是變也是不變，變的是行銷策略及管理方針，不變的是品牌核心價值！」願我們在創業的路途上，牢記陳老闆的分享，勇往直前，成就美好而卓越的未來。

圖：唯有真正贏得客戶的心，才能為品牌的長遠發展打下堅實的基礎

給讀者的話

　　創品牌最難的是一個產品 MOQ 都是 1000~5000，你需要有很好的談判能力，找工廠 support 你，有良好的學習習慣 for 經營行銷，設定短中長期目標，一段時間搜集 feedback 修正軌道，找到你的 business model。

品牌核心價值
不怕貴、怕不夠好，夠好、也不賣貴！

經營者語錄
比壓低價格更重要的是「學習如何創造價值」。

亞德曼科技工作室
門市地址：桃園市中壢區中山路 141 號
聯絡電話：03-458-9305
官方網站：https://www.adamant.com.tw
Facebook：亞德曼 Adamant 玻璃貼的專家
Instagram：@adamant941

圖：13.Moods 的服裝易於搭配，多功能性使其能夠適應各種場合和風格

服飾即自白，用穿搭營造不同日常情緒

衣服不僅是日常所需，更是表達心情的最佳媒介，在生活中，你所挑選的每件單品，都在無形中傾訴著所思與所感。成立於 2020 年的服飾品牌 13.Moods，品牌主理人庭慧認為，服飾宛如情緒的載體，穿上一件看似尋常的衣服，有時還會激起某種蝴蝶效應，為平凡無奇的日子增添意想不到的驚喜與樂趣。

個性化選品，超越流行趨勢的不敗經典

大學所學是政治專業的庭慧，卻對穿搭與時尚充滿熱情，大學三年級時，她就開始從事海外代購工作，這個兼職是引發她投入服裝產業的契機，不少朋友也時常讚賞她的獨特品味。2020 年疫情爆發限制旅行的可能性，代購不得不暫停，她也因而將重心轉往成立服飾品牌 13.Moods。創立品牌後，她對服飾業有著相見恨晚之感，讓她決心要在競爭激烈的市場中做出獨一無二的特色。她表示，「最初創業時，獲得家人朋友的認同相當重要，因為草創期往往沒有穩定客源，若身邊親友信任且認同你的選品眼光，將給予創業者很好的心理支持。」

隨著電商的蓬勃發展，服飾業競爭日趨激烈。庭慧指出，從事韓國選品的服飾品牌大致可分為三類：一類是重新拍攝產品照片，一類是以直播銷售為主，而另一類則是直接使用廠商提供的圖片。不同於許多品牌，依賴現成的產品照片，庭慧堅持要走一條更加個性化和細緻的路線，堅持每一件商品都要經過自己親自審核，從材質到設計、從產品拍攝到呈現，每個細節都完整反映她對品質和美學的堅持。

對於每件服飾的材質、版型、縫線、鈕扣、拉鍊等細節，庭慧都以高規格標準檢視，因此時常需要自行吸收成本，或是等待造訪實體工作室的顧客，能愛上這些不夠完美的商品。她強調：「我不想販售任何自己不滿意的東西，更何況網路顧客無法摸到衣服的材質，如果連我這關都過不了，相信他們也一定不會喜歡。」

簡約時髦且超越時尚趨勢的迅速更迭，是庭慧選品的重要核心精神。她不盲目追逐潮流，經典簡約的款式與剪裁再加上具巧思的搭配，就能讓每個女孩在每一季穿出不同的感覺。13.Moods 的服裝在顏色和圖案上，都會避免過於醒目或流行性過強的設計，例如此季若流行鮮豔的粉紅色，庭慧會選擇更加柔和、帶有霧面感的粉紅，以確保這些服飾在未來任何時候重新穿上，都能自然地融入穿著者的生活和氛圍。更重要的是，13.Moods 的服裝易於搭配，多功能性使其能夠適應各種場合和風格，為消費者提供選擇的自由和搭配之靈活性。

圖：13.Moods 的服裝即使多年後再拿出來穿依然經典大器、不退流行

獨家訂製，專屬設計

　　在過去這段時間，隨著客戶群的擴大，庭慧越來越能精準掌握顧客的需求與偏好，豐富的經驗也讓她對服裝設計有更多想法。她不再滿足於單純選品，更渴望為消費者帶來更獨特且個性化的購物體驗。透過與韓國設計師的密切合作，她打造專屬定制款服裝系列，並針對熱銷產品提供獨家尺寸，以滿足不同顧客的需求。由於總能積極回應顧客需求，不同領域上班族女性也成了13.Moods 的忠實粉絲。

　　電商產業雖充滿創意與無限可能，但快速變化的消費者需求和市場趨勢，也對創業者的商業策略、創新力和適應力帶來不小的挑戰。庭慧強調，對工作的熱愛至關重要，因為只有真心喜愛自己的所做，才能在面臨挑戰時持續前進；此外她認為，想要在服裝產業保持競爭力，就必須不斷在商品設計和行銷策略上發想新點子，展現品牌的創意與靈活性。

圖：近來庭慧積極與韓國設計師合作，期待帶給消費者更多選擇和個性化的體驗

圖：13.Moods 計畫在 2024 年開設實體店面，並嘗試產業跨界合作

從電商到實體，揭開跨界合作新篇章

在創業過程中，庭慧意識到隨著市場環境的變化，尤其是網路行銷重心由傳統網紅行銷轉移到短影音，固守過去的模式，很難帶領品牌邁向下個里程碑。過去她曾抗拒製作影片，擔心若嘗試不擅長的事物，會不會失敗。但最終她仍成功打敗自我懷疑的心魔，勇敢跳出舒適圈，現在庭慧兼任產品攝影及影片剪輯的工作，有時還會善用機會在國外拍攝實體生活的穿搭。她察覺多數 13.Moods 的顧客都特別偏愛生活化的視覺風格，因此不需要專業攝影設備，就能打造出隨性自然，符合品牌理念的視覺效果。

雖是從電商起家，庭慧也發現貼近消費者對品牌的永續經營至關重要，尤其顧客的反饋與建議常能幫助創業者激發新靈感、打破思維侷限。她表示：「每季都會有一、兩樣商品特別熱賣而讓我倍感意外，因此我認為若有實體店面，就能更貼近顧客。」2024 年她設定一項新目標，希望能在桃園開設位於一樓的實體店面，讓顧客能親身體驗 13.Moods 的品牌精神；同時她也計畫與不同產業跨界合作，打造品牌的專屬香氣、蠟燭和室內噴霧，做更多元化的嘗試。

13.Moods 已邁向第三個年頭，儘管創業並非一帆風順，但庭慧對於服飾的熱情從未減少，她自謙地說：「比起專業服飾設計，我在服飾業仍可算是個門外漢，還有許多需要學習之處。」總是不畏挑戰，持續向前的態度，讓不少粉絲更加期盼品牌將會帶來什麼驚喜，來陪伴女孩度過更多的四季更迭。

品牌核心價值
以簡約風格為主軸，注入時髦與細節元素，讓穿者完美融入日常生活。

經營者語錄
創業是一場持續進行的學習過程，只有不斷嘗試，不停滯原地，才能在變化中找到新的可能，在挑戰中發現新的機遇。

給讀者的話
真心熱愛你的工作，不斷嘗試，不停留原地！

13.Moods
店面地址：桃園市桃園區慈文路 230 巷 23 號 2 樓
Facebook：13.Moods
Instagram：@13.moods
官方網站：13moods.co

多元珠寶風格，展現自我的百種樣貌

由華裔珠寶設計師黃威廉（William Huang）創立的同名品牌「WILLIAM & FEB.」在 2024 年迎來十五週年盛事，這是一段由時光凝聚而成的輝煌旅程，如同品牌設計的珠寶，閃耀著永恆之光。威廉是一名全方位的設計師，其創意橫跨服飾、配件與造型。然而，他發現多數飾品設計單調乏味，無有創新，驅使他專注潛心於珠寶設計，希望以華麗多變的珠寶風格，映照每個靈魂的獨特風采。WILLIAM & FEB. 因其多元的設計風格，近年來在國際舞台大放異彩，也成了不少藝人名流表達自我的最佳元素。不論是華麗奪目、奔放狂野或極簡純粹，每件飾品都能輕易滿足不同情境的穿搭需求。

圖：獨創奢華、多元精緻和尊貴氣質，是 WILLIAM & FEB. 的主要特色

環保抗敏，時尚美學新典範

威廉自小就熱愛探索新事物，永遠不滿足於現狀，也有不少機會接觸各種文化，讓他擁有無窮創意，總能創作出各種難以定義的風格。從奢華典雅到前衛大膽，每每推出作品總帶給人無限驚喜。他對色彩、材質和複雜幾何形狀的大膽運用，巧妙融合，在過去幾年來持續創作出既時尚又獨樹一幟的飾品。無論是日常佩戴或特殊場合，WILLIAM & FEB. 總能讓佩戴者成為萬眾矚目的焦點。

威廉的創作能量極大，展現他對珠寶設計不懈的熱情，更體現他對時尚趨勢的敏銳洞察。不同材料和文化元素完美融合，創造出令人耳目一新的設計。從東方的優雅到西方的前衛，他的設計一再跨越文化和地域界限，將全球多元美學精髓融入到不同系列作品中。每次創作時，他都以高標準要求自己，但他坦言，偶爾仍有無法盡善盡美之處。對此，他不沮喪灰心，「我會以正面的態度面對，因為每次的缺憾，反而能從中省思與突破，更靠近心中的完美。」

圖：WILLIAM & FEB. 的設計總能賦予佩戴者無與倫比的尊貴氣息

　　不只是對美的極致追求，WILLIAM & FEB. 也高度重視創作過程對生態的影響，「環保」和「抗敏」是品牌重要的核心承諾，嚴格掌握每一道工序，採用先進的環保冶金技術，將重金屬含量濾清至環保標準以下，確保創作時對環境無有危害。

專業整體形象建議，舒心的消費體驗

不同於傳統珠寶銷售方式，WILLIAM & FEB. 的搭配顧問除了擁有專業珠寶知識，也能為顧客提供全方位的形象建議。威廉解釋：「WILLIAM & FEB. 的銷售人員都是專業搭配顧問。我們會參考整體形象和場合需求為顧客挑選最合適的飾品，並提供更全面和個性化的建議。」

這種創新的服務模式，讓顧客在購買珠寶的同時，也能獲得整體形象建議，不少消費者都備感滿意與貼心。尤其近年來，隨著越來越多男性顧客對飾品的需求提升，WILLIAM & FEB. 以獨特的審美品味吸引不少男性顧客。

威廉指出，男性在穿搭方面可能因為擔心世俗眼光而猶豫不決。WILLIAM & FEB. 透過循序漸進的方式，幫助他們建立對品牌的信任，並逐漸探索更多造型的可能性。這種細膩的搭配建議不僅體現 WILLIAM & FEB. 對顧客的重視，同時也展示珠寶不僅是裝飾品，更是一種表達生活態度和個人風格的最佳途徑。威廉致力於打破性別在珠寶選擇的傳統框架，鼓勵每個人表達真實自我，展現自我未曾發現的多種樣貌。

除了以多元且獨特的設計風格聞名，WILLIAM & FEB. 也因重視顧客消費體驗，而備受消費者喜愛。為了給予顧客更舒心的體驗，威廉規劃劇場式的銷售模式，減少傳統銷售對顧客造成的心理壓力，並增加其接觸珠寶時尚的機會。每位顧客不僅僅是消費者，更是陪伴品牌成長的重要夥伴，因此從顧客的重要節日甚至寵物生日，品牌都會盡其所能，陪伴其中。他表示：「許多顧客已經陪伴我們走過十五年的歲月，從就業、結婚到寶寶誕生，這些人生經歷都有我們參與其中。當顧客在人生中的重要時刻想到我們，總讓我們備受感動。」

儘管已在珠寶設計領域取得卓越成就，威廉卻從不自滿。身為一位成功的創業者和設計師，他堅信，了解顧客對作品的真實想法或期望至關重要，因此，他時常在創作之餘，親自與顧客互動，了解他們對於飾品的看法和建議。此外，他也對負評保持開放態度，他認為，接受和理解顧客反饋對於創作和創業都相當重要，有價值的反饋也能作為未來改善的重要依據，對品牌永續發展非常有益。

展望未來，以設計繼續征服世界舞台

自創立以來，WILLIAM & FEB. 已邁向第十五週年。威廉不僅是珠寶設計領域的佼佼者，也成為那些渴望投身飾品設計人的榜樣。他鼓勵所有正在這條路上的逐夢之人，找到生活平衡點相當重要，一旦找到平衡點，就能讓自己逐步前進，即使每次只有前進一步，最終也能開創出屬於自己的路。同時威廉也認為，創作者應該將格局和維度拉大拉高，多體驗不同文化與藝術，獲得不同面向的刺激，為創作帶來更多靈感。「千萬別把自己侷限住，才能有更多發展的可能性。」

展望未來十年，威廉對 WILLIAM & FEB. 品牌的前景充滿信心，相信品牌必定會繼續展現無限潛力。他計劃未來與更多傑出的設計師合作，共同創作無數令人驚艷的作品，並將其帶到國際舞台，向世界展示台灣珠寶設計的獨特創意和無限魅力。

圖：WILLIAM & FEB. 致力成為兼容環境友善與時尚美學的典範，當顧客購買飾品時，同時也是支持對環境負責的品牌

給讀者的話

　　在這個時代，我們擁有無限的可能性，就像 WILLIAM & FEB. 的每件珠寶，散發高貴奢華的光彩。不要害怕展現真實的自我，因為你的獨特就是你最迷人的魅力之處。讓我們一起勇敢地追求夢想，散發出屬於自己的璀璨光芒，成就一段奢華尊貴的輝煌旅程！

經營者語錄

1. 每件作品中，我都追求獨具匠心的驚喜，因為奢華源於細節，尊貴氣質則來自於自信展現。
2. 我的設計充滿絕對的霸氣感，一種無法忽視的自信品味。因為我相信，每個人都值得享有奢華與獨特風采。
3. 面對每一次挑戰和不完美，都以堅定的決心和無限的創意解決。因為每一次的突破，都是通往完美
   的必經之路。

品牌核心價值

「獨創奢華」、「多元精緻」和「尊貴氣質」，是 WILLIAM & FEB. 的主要特色，品牌不斷在珠寶設計上尋求創新與多樣性，並彰顯對顧客專業搭配建議和獨特體驗之特殊性。

WILLIAM & FEB.

Facebook：WILLIAM & FEB.

Instagram：@william_and_feb

創業名人堂 第七集
Entrepreneurship Hall of Fame

作　　　者——灣闊文化
企劃總監——呂國正
編　　　輯——呂悅靈
採訪編輯——張荔媛、劉佳佳、吳欣芳
校　　　對——林立芳、許麗美
排版設計——莊子易
法律顧問——承心法律事務所 蘇燕貞律師
出　　　版——台洋文化出版有限公司
地　　　址——台中市西屯區重慶路 99 號 5 樓之 3
電　　　話——04-3609-8587
製版印刷——昱盛印刷事業有限公司
經　　　銷——白象文化事業有限公司
地　　　址——台中市東區和平街 228 巷 44 號
電　　　話——04-2220-8589
出版日期——2024 年 7 月
版　　　次——初版
定　　　價——新臺幣 550 元
Ｉ Ｓ Ｂ Ｎ——978-626-95216-7-8(平裝)

國家圖書館出版品預行編目資料：(CIP)

創業名人堂 . 第七集 = Entrepreneurship hall of fame / 灣闊文化作 .
-- 臺中市 : 台洋文化出版有限公司 , 2024.07
　　面 ;　　公分
ISBN 978-626-95216-7-8(平裝)

1.CST: 企業家 2.CST: 企業經營 3.CST: 創業

490.99　　　　　　　　　　　　　　113008808